6年

実力アップ

計算
練習ノート

計算力がぐんぐんのびる！

このふろくは
すべての教科書に対応した
全教科書版です。

JN099476

年	組	名前

「計算練習ノート」はとりはずして使用できます。

1 文字と式

時間 20分

◆ 次の場面で、x と y の関係を式に表しましょう。また、表の空らんに、あてはまる数を書きましょう。

1つ5〔100点〕

① 1辺の長さが x cm の正方形があります。まわりの長さは y cm です。

式 [　　　　　　　　　]

x （cm）	1	1.8	4.5	⑰
y （cm）	4	㋐	㋑	44

② x 人の子どもに1人3個ずつあめを配りましたが、5個残りました。あめは全部で y 個です。

式 [　　　　　　　　　]

x （人）	4	㋐	㋑	9
y （個）	17	23	26	⑰

③ 面積が 400 cm² の長方形の、縦の長さが x cm、横の長さが y cm です。

式 [　　　　　　　　　]

x （cm）	㋐	40	50	60
y （cm）	25	10	㋑	⑰

④ 180枚のカードから x 枚友だちにあげました。カードの残りは y 枚です。

式 [　　　　　　　　　]

x （枚）	㋐	㋑	120	150
y （枚）	170	150	⑰	30

⑤ 1冊500円の本と1冊 x 円のノートを買いました。代金の合計は y 円です。

式 [　　　　　　　　　]

x （円）	50	120	㋑	⑰
y （円）	㋐	620	650	750

2 分数と整数のかけ算

時間 20分

得点

/100点

◆ 計算をしましょう。　　　　　　　　　　　　　　　　　　　　1つ5〔30点〕

① $\dfrac{1}{4} \times 3$　　　　② $\dfrac{2}{7} \times 2$　　　　③ $\dfrac{2}{5} \times 8$

④ $\dfrac{3}{10} \times 3$　　　　⑤ $\dfrac{2}{3} \times 5$　　　　⑥ $\dfrac{1}{9} \times 7$

♥ 計算をしましょう。　　　　　　　　　　　　　　　　　　　　1つ5〔60点〕

⑦ $\dfrac{3}{8} \times 2$　　　　⑧ $\dfrac{3}{16} \times 4$　　　　⑨ $\dfrac{9}{10} \times 5$

⑩ $\dfrac{5}{42} \times 3$　　　　⑪ $\dfrac{1}{9} \times 6$　　　　⑫ $\dfrac{4}{45} \times 10$

⑬ $\dfrac{7}{8} \times 6$　　　　⑭ $\dfrac{13}{12} \times 9$　　　　⑮ $\dfrac{9}{8} \times 8$

⑯ $\dfrac{5}{4} \times 12$　　　　⑰ $\dfrac{4}{15} \times 60$　　　　⑱ $\dfrac{7}{25} \times 100$

♠ 縦が $\dfrac{8}{3}$ m、横が6mの長方形の形をした花だんがあります。この花だんの面積は
何m²ですか。　　　　　　　　　　　　　　　　　　　　　　1つ5〔10点〕

式

答え（　　　　　　　　　）

3 分数と整数のわり算

◆ 計算をしましょう。　　　　　　　　　　　　　　　　　　　　　　1つ5〔30点〕

① $\dfrac{3}{5} \div 4$

② $\dfrac{2}{3} \div 7$

③ $\dfrac{7}{4} \div 5$

④ $\dfrac{5}{7} \div 7$

⑤ $\dfrac{17}{4} \div 4$

⑥ $\dfrac{1}{6} \div 6$

♥ 計算をしましょう。　　　　　　　　　　　　　　　　　　　　　　1つ5〔60点〕

⑦ $\dfrac{8}{9} \div 4$

⑧ $\dfrac{10}{3} \div 2$

⑨ $\dfrac{4}{5} \div 4$

⑩ $\dfrac{7}{12} \div 7$

⑪ $\dfrac{5}{9} \div 10$

⑫ $\dfrac{16}{7} \div 12$

⑬ $\dfrac{20}{9} \div 4$

⑭ $\dfrac{15}{4} \div 12$

⑮ $\dfrac{8}{13} \div 12$

⑯ $\dfrac{39}{5} \div 26$

⑰ $\dfrac{25}{4} \div 100$

⑱ $\dfrac{75}{4} \div 125$

♠ $\dfrac{21}{8}$ mの長さのリボンがあります。このリボンを6人で等しく分けると、1人分の
長さは何mになりますか。　　　　　　　　　　　　　　　　　　1つ5〔10点〕

式

答え（　　　　　　　　）

4 分数のかけ算 (1)

◆ 計算をしましょう。

1つ5〔90点〕

① $\dfrac{1}{3} \times \dfrac{4}{5}$

② $\dfrac{2}{5} \times \dfrac{2}{9}$

③ $\dfrac{2}{7} \times \dfrac{3}{5}$

④ $\dfrac{1}{6} \times \dfrac{1}{3}$

⑤ $\dfrac{4}{3} \times \dfrac{5}{9}$

⑥ $\dfrac{3}{7} \times \dfrac{4}{7}$

⑦ $\dfrac{8}{9} \times \dfrac{8}{9}$

⑧ $\dfrac{3}{2} \times \dfrac{5}{4}$

⑨ $\dfrac{7}{4} \times \dfrac{3}{4}$

⑩ $\dfrac{5}{8} \times \dfrac{5}{3}$

⑪ $\dfrac{7}{6} \times \dfrac{5}{2}$

⑫ $\dfrac{3}{4} \times \dfrac{7}{8}$

⑬ $\dfrac{9}{5} \times \dfrac{3}{2}$

⑭ $3 \times \dfrac{3}{4}$

⑮ $6 \times \dfrac{2}{5}$

⑯ $8 \times \dfrac{4}{5}$

⑰ $\dfrac{4}{9} \times 4$

⑱ $\dfrac{1}{8} \times 7$

♥ 縦が $\dfrac{3}{7}$ m、横が $\dfrac{2}{5}$ m の長方形があります。この長方形の面積は何 m² ですか。

式

1つ5〔10点〕

答え (　　　　　　　　)

5 分数のかけ算 (2)

得点

/100点

◆ 計算をしましょう。

1つ5〔90点〕

① $\dfrac{5}{8} \times \dfrac{7}{5}$

② $\dfrac{4}{3} \times \dfrac{1}{6}$

③ $\dfrac{6}{7} \times \dfrac{2}{3}$

④ $\dfrac{3}{10} \times \dfrac{5}{4}$

⑤ $\dfrac{7}{8} \times \dfrac{10}{9}$

⑥ $\dfrac{8}{5} \times \dfrac{7}{12}$

⑦ $\dfrac{3}{4} \times \dfrac{4}{9}$

⑧ $\dfrac{7}{10} \times \dfrac{5}{14}$

⑨ $\dfrac{5}{12} \times \dfrac{8}{15}$

⑩ $\dfrac{5}{9} \times \dfrac{3}{20}$

⑪ $\dfrac{9}{10} \times \dfrac{25}{24}$

⑫ $\dfrac{5}{4} \times \dfrac{22}{15}$

⑬ $\dfrac{7}{6} \times \dfrac{18}{7}$

⑭ $\dfrac{5}{8} \times \dfrac{8}{5}$

⑮ $16 \times \dfrac{5}{12}$

⑯ $25 \times \dfrac{8}{35}$

⑰ $\dfrac{3}{8} \times 6$

⑱ $\dfrac{2}{3} \times 9$

♥ 1dLで、かべを $\dfrac{9}{10}$ m²ぬれるペンキがあります。このペンキ $\dfrac{5}{6}$ dL では、かべを何m²ぬれますか。

1つ5〔10点〕

式

答え（　　　　　　　）

6 分数のかけ算（3）

◆ 計算をしましょう。

1つ6〔90点〕

① $2\dfrac{2}{3} \times \dfrac{2}{5}$

② $1\dfrac{4}{5} \times \dfrac{3}{7}$

③ $2\dfrac{2}{3} \times 1\dfrac{2}{5}$

④ $1\dfrac{2}{9} \times \dfrac{6}{11}$

⑤ $2\dfrac{4}{7} \times \dfrac{10}{9}$

⑥ $\dfrac{4}{9} \times 2\dfrac{2}{5}$

⑦ $\dfrac{7}{6} \times 1\dfrac{13}{14}$

⑧ $3\dfrac{1}{5} \times \dfrac{5}{8}$

⑨ $1\dfrac{7}{8} \times 1\dfrac{1}{9}$

⑩ $1\dfrac{2}{7} \times 5\dfrac{5}{6}$

⑪ $2\dfrac{2}{3} \times 2\dfrac{1}{4}$

⑫ $\dfrac{3}{4} \times \dfrac{7}{6} \times \dfrac{2}{7}$

⑬ $\dfrac{9}{11} \times \dfrac{8}{15} \times \dfrac{11}{12}$

⑭ $\dfrac{3}{5} \times 2\dfrac{4}{9} \times \dfrac{5}{11}$

⑮ $\dfrac{3}{7} \times 6 \times 1\dfrac{5}{9}$

♥ 1mの重さが$\dfrac{3}{4}$kgの金属の棒があります。この棒$2\dfrac{2}{3}$mの重さは何kgですか。

式

1つ5〔10点〕

答え（　　　　　　　）

7 分数のかけ算 (4)

得点

/100点

◆ 計算をしましょう。

1つ6〔90点〕

① $\dfrac{3}{4} \times \dfrac{3}{5}$

② $\dfrac{2}{9} \times \dfrac{11}{2}$

③ $\dfrac{5}{12} \times \dfrac{16}{15}$

④ $\dfrac{4}{7} \times \dfrac{5}{12}$

⑤ $\dfrac{8}{15} \times \dfrac{10}{9}$

⑥ $\dfrac{5}{14} \times \dfrac{21}{25}$

⑦ $2\dfrac{4}{7} \times \dfrac{7}{9}$

⑧ $2\dfrac{4}{5} \times \dfrac{9}{7}$

⑨ $\dfrac{4}{9} \times 1\dfrac{5}{12}$

⑩ $\dfrac{14}{5} \times 3\dfrac{3}{4}$

⑪ $1\dfrac{3}{25} \times 1\dfrac{7}{8}$

⑫ $6\dfrac{4}{5} \times 1\dfrac{8}{17}$

⑬ $\dfrac{4}{7} \times \dfrac{5}{12} \times \dfrac{14}{15}$

⑭ $1\dfrac{5}{9} \times \dfrac{8}{21} \times \dfrac{1}{4}$

⑮ $\dfrac{5}{8} \times 1\dfrac{1}{3} \times 1\dfrac{1}{5}$

♥ 底辺の長さが$4\dfrac{2}{5}$cm、高さが$8\dfrac{3}{4}$cmの平行四辺形があります。この平行四辺形の面積は何cm²ですか。

1つ5〔10点〕

式

答え (　　　　　　　　)

得点

8 計算のくふう

時間
20
分

◆　くふうして計算しましょう。　　　　　　　　　　　　　　　　　1つ7〔84点〕

① $\left(\dfrac{1}{2}\times\dfrac{3}{4}\right)\times\dfrac{2}{3}$

② $\left(\dfrac{7}{8}\times\dfrac{5}{9}\right)\times\dfrac{9}{5}$

③ $\left(\dfrac{7}{3}\times25\right)\times\dfrac{6}{25}$

④ $\left(\dfrac{11}{6}\times\dfrac{7}{12}\right)\times\dfrac{4}{7}$

⑤ $\left(\dfrac{7}{8}+\dfrac{5}{12}\right)\times24$

⑥ $\left(\dfrac{3}{4}-\dfrac{1}{6}\right)\times\dfrac{12}{5}$

⑦ $\left(\dfrac{9}{8}+\dfrac{27}{40}\right)\times\dfrac{20}{9}$

⑧ $\dfrac{12}{5}\times\left(\dfrac{25}{4}-\dfrac{5}{3}\right)$

⑨ $\dfrac{2}{7}\times6+\dfrac{2}{7}\times8$

⑩ $\dfrac{7}{12}\times13-\dfrac{7}{12}\times11$

⑪ $\dfrac{3}{4}\times\dfrac{6}{7}+\dfrac{6}{7}\times\dfrac{1}{4}$

⑫ $\dfrac{8}{7}\times\dfrac{15}{16}-\dfrac{8}{7}\times\dfrac{1}{16}$

♥　縦が$\dfrac{11}{13}$m、横が$\dfrac{7}{8}$mの長方形の面積と、縦が$\dfrac{15}{13}$m、横が$\dfrac{7}{8}$mの長方形の面積をあわせると何m²ですか。

1つ8〔16点〕

式

答え (　　　　　　　　　)

9 分数のわり算 (1)

◆ 計算をしましょう。

1つ6〔90点〕

① $\dfrac{3}{8} \div \dfrac{4}{5}$　　② $\dfrac{1}{7} \div \dfrac{2}{3}$　　③ $\dfrac{2}{7} \div \dfrac{3}{5}$

④ $\dfrac{2}{9} \div \dfrac{3}{8}$　　⑤ $\dfrac{3}{11} \div \dfrac{4}{5}$　　⑥ $\dfrac{4}{5} \div \dfrac{3}{7}$

⑦ $\dfrac{3}{8} \div \dfrac{2}{9}$　　⑧ $\dfrac{5}{7} \div \dfrac{2}{3}$　　⑨ $\dfrac{4}{3} \div \dfrac{3}{5}$

⑩ $\dfrac{5}{8} \div \dfrac{8}{9}$　　⑪ $\dfrac{4}{5} \div \dfrac{5}{6}$　　⑫ $\dfrac{1}{4} \div \dfrac{2}{7}$

⑬ $\dfrac{1}{6} \div \dfrac{4}{5}$　　⑭ $\dfrac{1}{9} \div \dfrac{3}{8}$　　⑮ $\dfrac{6}{7} \div \dfrac{5}{9}$

♥ $\dfrac{4}{5}$ m の重さが $\dfrac{7}{8}$ kg のパイプがあります。このパイプ 1 m の重さは何 kg ですか。

式

1つ5〔10点〕

答え (　　　　　　　　)

10 分数のわり算 (2)

◆ 計算をしましょう。

1つ6〔90点〕

① $\dfrac{2}{5} \div \dfrac{4}{7}$

② $\dfrac{3}{10} \div \dfrac{4}{5}$

③ $\dfrac{7}{9} \div \dfrac{14}{17}$

④ $\dfrac{8}{7} \div \dfrac{8}{11}$

⑤ $\dfrac{3}{10} \div \dfrac{7}{10}$

⑥ $\dfrac{5}{4} \div \dfrac{3}{8}$

⑦ $\dfrac{5}{7} \div \dfrac{10}{21}$

⑧ $\dfrac{5}{6} \div \dfrac{10}{9}$

⑨ $\dfrac{9}{8} \div \dfrac{3}{10}$

⑩ $\dfrac{14}{15} \div \dfrac{21}{10}$

⑪ $\dfrac{3}{16} \div \dfrac{9}{8}$

⑫ $\dfrac{5}{6} \div \dfrac{10}{21}$

⑬ $\dfrac{9}{2} \div \dfrac{15}{2}$

⑭ $\dfrac{4}{3} \div \dfrac{14}{9}$

⑮ $\dfrac{21}{8} \div \dfrac{35}{8}$

♥ 面積が $\dfrac{16}{9}$ cm² で底辺の長さが $\dfrac{12}{5}$ cm の平行四辺形があります。この平行四辺形の高さは何cmですか。

1つ5〔10点〕

式

答え (　　　　　　　　　)

11 分数のわり算 (3)

得点

/100点

◆ 計算をしましょう。

1つ6〔90点〕

① $7 \div \dfrac{5}{4}$

② $3 \div \dfrac{5}{7}$

③ $4 \div \dfrac{11}{7}$

④ $6 \div \dfrac{3}{8}$

⑤ $15 \div \dfrac{3}{5}$

⑥ $12 \div \dfrac{10}{7}$

⑦ $8 \div \dfrac{6}{7}$

⑧ $24 \div \dfrac{8}{3}$

⑨ $30 \div \dfrac{5}{6}$

⑩ $\dfrac{7}{9} \div 6$

⑪ $\dfrac{5}{4} \div 4$

⑫ $\dfrac{5}{2} \div 10$

⑬ $\dfrac{9}{4} \div 6$

⑭ $\dfrac{10}{3} \div 15$

⑮ $\dfrac{8}{7} \div 8$

♥ ひろしさんの体重は32kgで、お兄さんの体重の$\dfrac{2}{3}$です。お兄さんの体重は何kgですか。

1つ5〔10点〕

式

答え（　　　　　　　　　）

得点

/100点

12 分数のわり算 (4)

◆ 計算をしましょう。

1つ6〔90点〕

① $\dfrac{3}{8} \div 1\dfrac{2}{5}$

② $2\dfrac{1}{2} \div \dfrac{3}{4}$

③ $1\dfrac{2}{9} \div \dfrac{22}{15}$

④ $\dfrac{2}{9} \div 1\dfrac{1}{3}$

⑤ $\dfrac{5}{12} \div 3\dfrac{1}{3}$

⑥ $1\dfrac{2}{5} \div \dfrac{7}{15}$

⑦ $\dfrac{15}{14} \div 2\dfrac{1}{4}$

⑧ $\dfrac{20}{9} \div 1\dfrac{1}{15}$

⑨ $1\dfrac{1}{6} \div 2\dfrac{5}{8}$

⑩ $1\dfrac{1}{3} \div 1\dfrac{1}{9}$

⑪ $2\dfrac{2}{9} \div 1\dfrac{13}{15}$

⑫ $1\dfrac{5}{9} \div 1\dfrac{11}{21}$

⑬ $\dfrac{14}{3} \div 6 \div \dfrac{7}{6}$

⑭ $1 \div \dfrac{13}{12} \div \dfrac{3}{26}$

⑮ $\dfrac{3}{25} \div \dfrac{12}{5} \div \dfrac{15}{16}$

♥ 1dL でかべを $\dfrac{5}{8}$ m² ぬれるペンキがあります。$9\dfrac{3}{8}$ m² のかべをぬるのに、このペンキは何dL 必要ですか。

1つ5〔10点〕

式

答え (　　　　　　　)

13 **分数のわり算 (5)**

◆ 計算をしましょう。

① $\dfrac{3}{5} \times \dfrac{10}{13} \div \dfrac{2}{3}$

② $\dfrac{9}{25} \div \dfrac{3}{16} \times \dfrac{5}{12}$

③ $\dfrac{1}{9} \div \dfrac{13}{17} \times \dfrac{39}{34}$

④ $\dfrac{5}{16} \times \dfrac{10}{3} \div \dfrac{5}{12}$

⑤ $\dfrac{7}{2} \div \dfrac{3}{4} \times \dfrac{15}{14}$

⑥ $\dfrac{7}{18} \times \dfrac{6}{5} \div \dfrac{14}{27}$

⑦ $5 \times \dfrac{2}{3} \div \dfrac{4}{9}$

⑧ $\dfrac{12}{5} \div 9 \times \dfrac{15}{16}$

⑨ $1\dfrac{17}{18} \times \dfrac{3}{7} \div \dfrac{5}{14}$

⑩ $2\dfrac{1}{10} \div 1\dfrac{13}{15} \times \dfrac{8}{9}$

14

得点

/100点

14 分数のわり算 (6)

◆ 計算をしましょう。

1つ6〔90点〕

① $\dfrac{5}{3} \div \dfrac{3}{5}$

② $\dfrac{7}{6} \div \dfrac{4}{5}$

③ $\dfrac{11}{12} \div \dfrac{7}{8}$

④ $\dfrac{8}{15} \div \dfrac{9}{10}$

⑤ $\dfrac{9}{20} \div \dfrac{15}{8}$

⑥ $\dfrac{8}{21} \div \dfrac{12}{7}$

⑦ $15 \div \dfrac{9}{4}$

⑧ $100 \div \dfrac{25}{4}$

⑨ $\dfrac{12}{7} \div 16$

⑩ $\dfrac{5}{6} \div 3\dfrac{3}{4}$

⑪ $2\dfrac{5}{14} \div \dfrac{11}{14}$

⑫ $1\dfrac{7}{8} \div 2\dfrac{1}{4}$

⑬ $2\dfrac{1}{2} \div \dfrac{9}{5} \div \dfrac{5}{6}$

⑭ $\dfrac{1}{7} \div \dfrac{4}{9} \times \dfrac{28}{27}$

⑮ $\dfrac{15}{8} \div 27 \times 1\dfrac{1}{5}$

♥ 長さ$\dfrac{5}{4}$mの青いリボンと、長さ$\dfrac{5}{6}$mの赤いリボンがあります。赤いリボンの長さは、青いリボンの長さの何倍ですか。

1つ5〔10点〕

式

答え（　　　　　　　　）

15 分数、小数、整数の計算

時間20分

◆ 計算をしましょう。

1つ10〔100点〕

① $0.55 \times \dfrac{15}{22}$

② $1.6 \div \dfrac{12}{35}$

③ $\dfrac{2}{3} \times 0.25$

④ $5\dfrac{2}{3} \div 6.8$

⑤ $0.9 \times \dfrac{4}{5} \div 3$

⑥ $\dfrac{8}{3} \div 6 \times 1.8$

⑦ $\dfrac{3}{4} \div 0.375 \div 1\dfrac{1}{5}$

⑧ $0.5 \div \dfrac{9}{10} \times 0.12$

⑨ $4 \div 18 \times 6$

⑩ $0.8 \times 0.9 \div 0.42$

16 円の面積（1）

時間 20分

得点 /100点

◆ 次の円の面積を求めましょう。　　　　　　　　　1つ10〔40点〕

① 半径4cmの円

② 直径10cmの円

(　　　　　　　)　　　　　　(　　　　　　　)

③ 円周の長さが37.68cmの円

④ 円周の長さが87.92mの円

(　　　　　　　)　　　　　　(　　　　　　　)

♥ 色をぬった部分の面積を求めましょう。　　　　1つ10〔60点〕

⑤
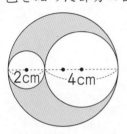
2cm　4cm

⑥
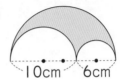
10cm　6cm

(　　　　　　　)　　　　　　(　　　　　　　)

⑦
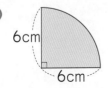
6cm
6cm

⑧
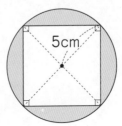
5cm

(　　　　　　　)　　　　　　(　　　　　　　)

⑨
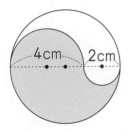
4cm　2cm

⑩
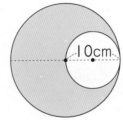
10cm

(　　　　　　　)　　　　　　(　　　　　　　)

17

17 円の面積 (2)

時間 20分

得点

/100点

◆ 次の円の面積を求めましょう。　　　　　　　　　　　　　　　1つ10〔40点〕

① 半径3cmの円

② 直径16mの円

(　　　　　　　　)　　　　　　　　(　　　　　　　　)

③ 円周の長さが43.96mの円

④ 円周の長さが62.8cmの円

(　　　　　　　　)　　　　　　　　(　　　　　　　　)

♥ 色をぬった部分の面積を求めましょう。　　　　　　　　　　1つ10〔60点〕

⑤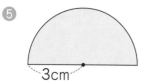

⑥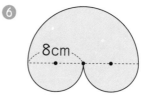

(　　　　　　　　)　　　　　　　　(　　　　　　　　)

⑦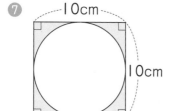

⑧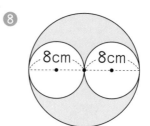

(　　　　　　　　)　　　　　　　　(　　　　　　　　)

⑨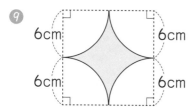

⑩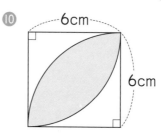

(　　　　　　　　)　　　　　　　　(　　　　　　　　)

18 比 (1)

得点　/100点　時間20分

◆ 比の値を求めましょう。　　　　　　　　　　　　　1つ5〔30点〕

① 7：5　　　　　　　　　　　　② 3：12

（　　　　　）　　　　　　（　　　　　）

③ 8：10　　　　　　　　　　　④ 0.9：6

（　　　　　）　　　　　　（　　　　　）

⑤ 0.84：4.2　　　　　　　　　⑥ $\frac{5}{6}：\frac{5}{9}$

（　　　　　）　　　　　　（　　　　　）

♥ 比を簡単にしましょう。　　　　　　　　　　　　　1つ7〔35点〕

⑦ 49：56　　　　　　　　　　⑧ 27：63

（　　　　　）　　　　　　（　　　　　）

⑨ 1.8：1.5　　　　　　　　　⑩ 4：1.6

（　　　　　）　　　　　　（　　　　　）

⑪ $\frac{2}{3}：\frac{14}{15}$

（　　　　　）

♠ x の表す数を求めましょう。　　　　　　　　　　1つ7〔35点〕

⑫ $3：8=18：x$　　　　　　⑬ $14：10=x：25$

（　　　　　）　　　　　　（　　　　　）

⑭ $4.5：x=18：12$　　　　　⑮ $x：2=\frac{1}{4}：\frac{15}{8}$

（　　　　　）　　　　　　（　　　　　）

⑯ $\frac{7}{5}：0.6=x：15$

（　　　　　）

19 比(2)

得点

/100点

◆ 比の値を求めましょう。　　　　　　　　　　　　　　　　　　1つ5〔30点〕

① 4:9

② 15:5

（　　　　　）

（　　　　　）

③ 14:10

④ 2.5:7

（　　　　　）

（　　　　　）

⑤ 1.4:0.06

⑥ $\frac{4}{15}:\frac{1}{4}$

（　　　　　）

（　　　　　）

♥ 比を簡単にしましょう。　　　　　　　　　　　　　　　　　　1つ7〔35点〕

⑦ 60:35

⑧ 350:250

（　　　　　）

（　　　　　）

⑨ 0.6:2.8

⑩ 4.5:3

（　　　　　）

（　　　　　）

⑪ $\frac{1}{6}:0.125$

（　　　　　）

♠ x の表す数を求めましょう。　　　　　　　　　　　　　　　1つ7〔35点〕

⑫ $x:3=80:120$

⑬ $12:21=4:x$

（　　　　　）

（　　　　　）

⑭ $15:x=2.5:7$

⑮ $\frac{4}{13}:\frac{12}{13}=x:3$

（　　　　　）

（　　　　　）

⑯ $7:x=1.5:\frac{15}{14}$

（　　　　　）

20 角柱と円柱の体積

◆ 次の立体の体積を求めましょう。　　　　　　　　　　　1つ10〔80点〕

❶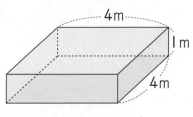

4m　1m　4m

(　　　　　　　　)

❷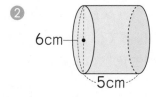

6cm　5cm

(　　　　　　　　)

❸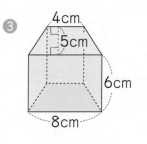

4cm　5cm　6cm　8cm

(　　　　　　　　)

❹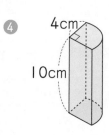

4cm　10cm

(　　　　　　　　)

❺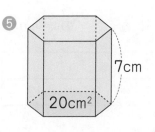

7cm　20cm²

(　　　　　　　　)

❻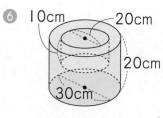

10cm　20cm　20cm　30cm

(　　　　　　　　)

❼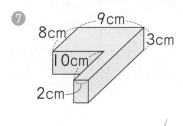

9cm　8cm　3cm　10cm　2cm

(　　　　　　　　)

❽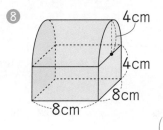

4cm　4cm　8cm　8cm

(　　　　　　　　)

♥ 下の図はある立体の展開図です。この立体の体積を求めましょう。　　1つ10〔20点〕

❾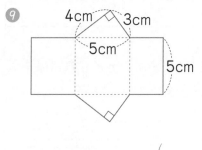

4cm　3cm　5cm　5cm

(　　　　　　　　)

❿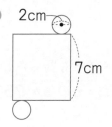

2cm　7cm

(　　　　　　　　)

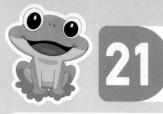

21 比例と反比例（1）

時間20分　得点　/100点

◆ 次の2つの数量について、x（エックス）とy（ワイ）の関係を式に表し、yがxに比例しているものには○、反比例しているものには△、どちらでもないものには×を書きましょう。また、表の空らんにあてはまる数を書きましょう。　1つ3〔90点〕

❶ 面積が$30cm^2$の三角形の、底辺の長さ$x$cmと高さ$y$cm

式　　、

x（cm）	2	㋑	8	㋓
y（cm）	㋐	20	㋒	4

❷ 1mの重さが2kgの鉄の棒（ぼう）の、長さxmと重さ$y$kg

式　　、

x（m）	㋐	5.6	9	㋓
y（kg）	8	㋑	㋒	24

❸ 28Lの水そうに毎分xLずつ水を入れるときの、いっぱいになるまでの時間y分

式　　、

x（L）	4	7	㋒	㋓
y（分）	㋐	㋑	2.5	2

❹ 30gの容器に1個20gのおもりをx個入れたときの、容器全体の重さyg

式　　、

x（個）	2	㋑	㋒	9
y（g）	㋐	90	130	㋓

❺ 分速80mで歩くときの、x分間に進んだきょりym

式　　、

x（分）	㋐	㋑	11	15
y（m）	400	720	㋒	㋓

♥ 100gが250円の肉をxg買ったときの、代金をy円とします。xとyの関係を式に表しましょう。また、yの値（あたい）が950のときのxの値を求めましょう。　1つ5〔10点〕

式　　、

22 比例と反比例 (2)

◆ 1mの値段が80円のテープの長さを x m、代金を y 円とします。　1つ10〔30点〕

❶ x と y の関係を、式に表しましょう。

（　　　　　　　　　　　　）

❷ x の値が12のときの y の値を求めましょう。

（　　　　　　　　　　　　）

❸ y の値が280のときの x の値を求めましょう。

（　　　　　　　　　　　　）

♥ 時速4.5kmで歩く人が x 時間に進む道のりを y km とします。　1つ10〔30点〕

❹ x と y の関係を、式に表しましょう。

（　　　　　　　　　　　　）

❺ x の値が2.4のときの y の値を求めましょう。

（　　　　　　　　　　　　）

❻ y の値が27のときの x の値を求めましょう。

（　　　　　　　　　　　　）

♠ 面積が54cm² の三角形の、底辺の長さを x cm、高さを y cm とします。1つ10〔30点〕

❼ x と y の関係を、式に表しましょう。

（　　　　　　　　　　　　）

❽ x の値が15のときの y の値を求めましょう。

❾ y の値が7.5のときの x の値を求めましょう。

（　　　　　　　　　　　　）　　　　　　（　　　　　　　　　　　　）

♣ 容積が720m³ の水そうに水を入れます。1時間に入れる水の量を x m³、いっぱいにするのにかかる時間を y 時間とするとき、x と y の関係を式に表しましょう。また、y の値が2.4のときの x の値を求めましょう。　1つ5〔10点〕

式　　　　　　　　　　、

23 場合の数 (1)

◆ 3、4、5、6の4枚のカードがあります。　　　　　　　　　　　　1つ14〔42点〕

① 2枚のカードで2けたの整数をつくるとき、できる整数は全部で何通りありますか。

（　　　　　　）

② 4枚のカードで4けたの整数をつくるとき、できる整数は全部で何通りありますか。

（　　　　　　）

③ ②の4けたの整数のうち、奇数は何通りありますか。

（　　　　　　）

♥ 5人の中から委員を選びます。　　　　　　　　　　　　　　　　1つ14〔28点〕

④ 委員長と副委員長を1人ずつ選ぶとき、選び方は全部で何通りですか。

（　　　　　　）

⑤ 委員長と副委員長と書記を1人ずつ選ぶとき、選び方は全部で何通りですか。

（　　　　　　）

♠ 10円玉を続けて4回投げます。表と裏の出方は全部で何通りですか。　〔15点〕

（　　　　　　）

♣ A、Bどちらかの文字を使って、4文字の記号をつくります。できる記号は全部で何通りありますか。　〔15点〕

（　　　　　　）

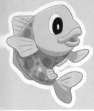

24 場合の数 (2)

時間 20分

得点　　/100点

◆ 5人の中からそうじ当番を選びます。　1つ14〔28点〕

❶ そうじ当番を2人選ぶとき、選び方は全部で何通りですか。

(　　　　)

❷ そうじ当番を3人選ぶとき、選び方は全部で何通りですか。

(　　　　)

♥ A(エー)、B(ビー)、C(シー)、D(ディー)、E(イー)、F(エフ)の6チームで野球の試合をします。どのチームもちがうチームと1回ずつ試合をします。　1つ14〔28点〕

❸ Aチームがする試合は何試合ありますか。

(　　　　)

❹ 試合は全部で何試合ありますか。

(　　　　)

♠ 1円玉、10円玉、50円玉がそれぞれ2枚(まい)ずつあります。　1つ14〔28点〕

❺ このうち2枚を組み合わせてできる金額を、全部書きましょう。

(　　　　)

❻ このうち3枚を組み合わせてできる金額は、全部で何通りですか。

(　　　　)

♣ 赤、青、黄、緑、白の5つの球をA、B2つの箱に入れます。2個をAに入れ、残りをBに入れるとき、球の入れ方は全部で何通りありますか。　〔16点〕

(　　　　)

25 場合の数 (3)

時間 **20**分

◆ 次のものは、全部でそれぞれ何通りありますか。　　　　　　1つ10〔90点〕

❶ 大小2つのサイコロを投げて、目の和が10以上になる場合

（　　　　　　　）

❷ ⬜1、⬜2、⬜3、⬜4の4枚のカードの中の3枚を並べてできる3けたの偶数

（　　　　　　　）

❸ A、B、C、Dの4人の中から、図書委員を2人選ぶ場合

（　　　　　　　）

❹ 3枚のコインを投げるとき、2枚裏が出る場合

（　　　　　　　）

❺ 3人で1回じゃんけんをするとき、あいこになる場合

（　　　　　　　）

❻ 4人が手をつないで1列に並ぶ場合

（　　　　　　　）

❼ ⬜0、⬜2、⬜7、⬜9の4枚のカードを並べてできる4けたの数

（　　　　　　　）

❽ 5人のうち、3人が歩き、2人が自転車に乗る場合

（　　　　　　　）

❾ 家から学校までの行き方が4通りあるとき、家から学校へ行って帰ってくる場合

（　　　　　　　）

♥ 500円玉2個と100円玉2個で買い物をします。おつりが出ないように買える品物の値段は何通りありますか。　　　　　　　　　　　　　　〔10点〕

（　　　　　　　）

26 量の単位の復習

得点

/100点

◆ 次の量を、〔 〕の中の単位で表しましょう。　　1つ5〔80点〕

❶ 2.4km〔m〕

（　　　　　）

❷ 74cm〔mm〕

（　　　　　）

❸ 0.39m〔cm〕

（　　　　　）

❹ 56000cm〔km〕

（　　　　　）

❺ 0.9dL〔mL〕

（　　　　　）

❻ 2.2m³〔kL〕

（　　　　　）

❼ 4dL〔cm³〕

（　　　　　）

❽ 3.6L〔cm³〕

（　　　　　）

❾ 0.8t〔kg〕

（　　　　　）

❿ 1.2g〔mg〕

（　　　　　）

⓫ 0.4kg〔g〕

（　　　　　）

⓬ 980g〔kg〕

（　　　　　）

⓭ 300a〔ha〕

（　　　　　）

⓮ 10000cm²〔a〕

（　　　　　）

⓯ 1.5km²〔m²〕

（　　　　　）

⓰ 65000m²〔ha〕

（　　　　　）

♥ 次の水の量を、〔 〕の中の単位で求めましょう。　　1つ5〔20点〕

⓱ 水5m³の重さ〔kg〕

（　　　　　）

⓲ 水25mLの重さ〔g〕

（　　　　　）

⓳ 水430gのかさ〔cm³〕

（　　　　　）

⓴ 水5.5kgのかさ〔L〕

（　　　　　）

27 6年のまとめ (1)

時間 20分

得点 /100点

◆ 計算をしましょう。　　　　　　　　　　　　　　　　　　1つ5〔60点〕

① $\dfrac{2}{9} \times \dfrac{5}{3}$

② $\dfrac{5}{8} \times \dfrac{3}{2}$

③ $\dfrac{9}{28} \times \dfrac{7}{3}$

④ $\dfrac{15}{8} \times \dfrac{10}{21}$

⑤ $12 \times \dfrac{7}{15}$

⑥ $\dfrac{5}{27} \times 18$

⑦ $2\dfrac{5}{8} \times \dfrac{12}{35}$

⑧ $1\dfrac{5}{6} \times 1\dfrac{1}{11}$

⑨ $\dfrac{2}{15} \times 6 \times \dfrac{10}{9}$

⑩ $\dfrac{4}{7} \times 1\dfrac{1}{8} \times \dfrac{14}{15}$

⑪ $\left(\dfrac{5}{6} - \dfrac{3}{8}\right) \times 24$

⑫ $\dfrac{8}{7} \times \dfrac{4}{11} + \dfrac{6}{7} \times \dfrac{4}{11}$

♥ 比を簡単にしましょう。　　　　　　　　　　　　　　　　1つ6〔18点〕

⑬ $36 : 81$

⑭ $2 : 3.2$

⑮ $\dfrac{3}{4} : \dfrac{11}{12}$

♠ x の表す数を求めましょう。　　　　　　　　　　　　　　1つ6〔12点〕

⑯ $10 : 18 = 25 : x$

⑰ $3.5 : x = 21 : 12$

♣ ある小学校の6年生の男子と女子の人数の比は6:7です。6年生の人数が104人のとき、女子の人数は何人ですか。　　　　　　　　　　　1つ5〔10点〕

式

答え（　　　　　　　　　）

28 6年のまとめ (2)

時間 20分

/100点

◆ 計算をしましょう。

1つ5〔60点〕

① $\dfrac{5}{7} \div \dfrac{4}{5}$

② $\dfrac{4}{9} \div \dfrac{5}{6}$

③ $\dfrac{4}{15} \div \dfrac{8}{9}$

④ $12 \div \dfrac{4}{5}$

⑤ $8 \div \dfrac{16}{9}$

⑥ $\dfrac{7}{12} \div 1\dfrac{5}{9}$

⑦ $\dfrac{9}{10} \div 3\dfrac{3}{4}$

⑧ $4\dfrac{1}{6} \div 1\dfrac{7}{8}$

⑨ $\dfrac{4}{9} \div \dfrac{5}{6} \times \dfrac{3}{8}$

⑩ $\dfrac{8}{7} \div \dfrac{6}{5} \div \dfrac{4}{21}$

⑪ $1.2 \times \dfrac{7}{8} \div 0.6$

⑫ $1.8 \div \dfrac{4}{5} \div 1.5$

♥ りんご、オレンジ、ぶどう、バナナ、ももの5つの果物が1つずつあります。

1つ10〔20点〕

⑬ けんたさんとあいさんに、果物を1つずつあげるとき、あげ方は全部で何通りありますか。

(　　　　　　　　)

⑭ 3つの果物を選んでかごに入れるとき、選び方は全部で何通りありますか。

(　　　　　　　　)

♠ ある小学校の児童全員の $\dfrac{7}{12}$ にあたる238人が男子です。この小学校の女子の児童の人数は何人ですか。

1つ10〔20点〕

式

答え (　　　　　　　　)

1 ❶ 式 $x \times 4 = y$
  ㋐ 7.2　㋑ 18　㋒ 11
❷ 式 $3 \times x + 5 = y$
  ㋐ 6　㋑ 7　㋒ 32
❸ 式 $400 \div x = y\,(x \times y = 400)$
  ㋐ 16　㋑ 8　㋒ $\dfrac{20}{3}\left(6\dfrac{2}{3}\right)$
❹ 式 $180 - x = y$
  ㋐ 10　㋑ 30　㋒ 60
❺ 式 $500 + x = y$
  ㋐ 550　㋑ 150　㋒ 250

2 ❶ $\dfrac{3}{4}$　❷ $\dfrac{4}{7}$　❸ $\dfrac{16}{5}\left(3\dfrac{1}{5}\right)$　❹ $\dfrac{9}{10}$
❺ $\dfrac{10}{3}\left(3\dfrac{1}{3}\right)$　❻ $\dfrac{7}{9}$　❼ $\dfrac{3}{4}$　❽ $\dfrac{3}{4}$
❾ $\dfrac{9}{2}\left(4\dfrac{1}{2}\right)$　❿ $\dfrac{5}{14}$　⓫ $\dfrac{2}{3}$　⓬ $\dfrac{8}{3}$
⓭ $\dfrac{21}{4}\left(5\dfrac{1}{4}\right)$　⓮ $\dfrac{39}{4}\left(9\dfrac{3}{4}\right)$　⓯ 9
⓰ 15　⓱ 16　⓲ 28
式 $\dfrac{8}{3} \times 6 = 16$　　答え 16 m²

3 ❶ $\dfrac{3}{20}$　❷ $\dfrac{2}{21}$　❸ $\dfrac{7}{20}$　❹ $\dfrac{5}{49}$
❺ $\dfrac{17}{16}\left(1\dfrac{1}{16}\right)$　❻ $\dfrac{1}{36}$　❼ $\dfrac{2}{9}$
❽ $\dfrac{5}{3}\left(1\dfrac{2}{3}\right)$　❾ $\dfrac{1}{5}$　❿ $\dfrac{1}{12}$
⓫ $\dfrac{1}{18}$　⓬ $\dfrac{4}{21}$　⓭ $\dfrac{5}{9}$　⓮ $\dfrac{5}{16}$
⓯ $\dfrac{2}{39}$　⓰ $\dfrac{3}{10}$　⓱ $\dfrac{1}{16}$　⓲ $\dfrac{3}{20}$
式 $\dfrac{21}{8} \div 6 = \dfrac{7}{16}$　　答え $\dfrac{7}{16}$ m

4 ❶ $\dfrac{4}{15}$　❷ $\dfrac{4}{45}$　❸ $\dfrac{6}{35}$
❹ $\dfrac{1}{18}$　❺ $\dfrac{20}{27}$　❻ $\dfrac{12}{49}$
❼ $\dfrac{64}{81}$　❽ $\dfrac{15}{8}\left(1\dfrac{7}{8}\right)$　❾ $\dfrac{21}{16}\left(1\dfrac{5}{16}\right)$
❿ $\dfrac{25}{24}\left(1\dfrac{1}{24}\right)$　⓫ $\dfrac{35}{12}\left(2\dfrac{11}{12}\right)$　⓬ $\dfrac{21}{32}$
⓭ $\dfrac{27}{10}\left(2\dfrac{7}{10}\right)$　⓮ $\dfrac{9}{4}\left(2\dfrac{1}{4}\right)$　⓯ $\dfrac{12}{5}\left(2\dfrac{2}{5}\right)$
⓰ $\dfrac{32}{5}\left(6\dfrac{2}{5}\right)$　⓱ $\dfrac{16}{9}\left(1\dfrac{7}{9}\right)$　⓲ $\dfrac{7}{8}$
式 $\dfrac{3}{7} \times \dfrac{2}{5} = \dfrac{6}{35}$　　答え $\dfrac{6}{35}$ m²

5 ❶ $\dfrac{7}{8}$　❷ $\dfrac{2}{9}$　❸ $\dfrac{4}{7}$　❹ $\dfrac{3}{8}$
❺ $\dfrac{35}{36}$　❻ $\dfrac{14}{15}$　❼ $\dfrac{1}{3}$　❽ $\dfrac{1}{4}$
❾ $\dfrac{2}{9}$　❿ $\dfrac{1}{12}$　⓫ $\dfrac{15}{16}$　⓬ $\dfrac{11}{6}\left(1\dfrac{5}{6}\right)$
⓭ 3　⓮ 1　⓯ $\dfrac{20}{3}\left(6\dfrac{2}{3}\right)$
⓰ $\dfrac{40}{7}\left(5\dfrac{5}{7}\right)$　⓱ $\dfrac{9}{4}\left(2\dfrac{1}{4}\right)$　⓲ 6
式 $\dfrac{9}{10} \times \dfrac{5}{6} = \dfrac{3}{4}$　　答え $\dfrac{3}{4}$ m²

6 ❶ $\dfrac{16}{15}\left(1\dfrac{1}{15}\right)$　❷ $\dfrac{27}{35}$　❸ $\dfrac{56}{15}\left(3\dfrac{11}{15}\right)$
❹ $\dfrac{2}{3}$　❺ $\dfrac{20}{7}\left(2\dfrac{6}{7}\right)$　❻ $\dfrac{16}{15}\left(1\dfrac{1}{15}\right)$
❼ $\dfrac{9}{4}\left(2\dfrac{1}{4}\right)$　❽ 2　❾ $\dfrac{25}{12}\left(2\dfrac{1}{12}\right)$
❿ $\dfrac{15}{2}\left(7\dfrac{1}{2}\right)$　⓫ 6　⓬ $\dfrac{1}{4}$
⓭ $\dfrac{2}{5}$　⓮ $\dfrac{2}{3}$　⓯ 4
式 $\dfrac{3}{4} \times 2\dfrac{2}{3} = 2$　　答え 2 kg

7 ❶ $\dfrac{9}{20}$　❷ $\dfrac{11}{9}\left(1\dfrac{2}{9}\right)$　❸ $\dfrac{4}{9}$　❹ $\dfrac{5}{21}$
❺ $\dfrac{16}{27}$　❻ $\dfrac{3}{10}$　❼ 2　❽ $\dfrac{18}{5}\left(3\dfrac{3}{5}\right)$
❾ $\dfrac{17}{27}$　❿ $\dfrac{21}{2}\left(10\dfrac{1}{2}\right)$　⓫ $\dfrac{21}{10}\left(2\dfrac{1}{10}\right)$
⓬ 10　⓭ $\dfrac{2}{9}$　⓮ $\dfrac{4}{27}$　⓯ 1
式 $4\dfrac{2}{5} \times 8\dfrac{3}{4} = \dfrac{77}{2}$
　　答え $\dfrac{77}{2}\left(38\dfrac{1}{2}\right)$ cm²

8 ❶ $\dfrac{1}{4}$　❷ $\dfrac{7}{8}$　❸ 14　❹ $\dfrac{11}{18}$　❺ 31
❻ $\dfrac{7}{5}\left(1\dfrac{2}{5}\right)$　❼ 4　❽ 11　❾ 4
❿ $\dfrac{7}{6}\left(1\dfrac{1}{6}\right)$　⓫ $\dfrac{6}{7}$　⓬ 1
式 $\dfrac{11}{13} \times \dfrac{7}{8} + \dfrac{15}{13} \times \dfrac{7}{8} = \dfrac{7}{4}$
　　答え $\dfrac{7}{4}\left(1\dfrac{3}{4}\right)$ m²

9 ① $\dfrac{15}{32}$ ② $\dfrac{3}{14}$ ③ $\dfrac{10}{21}$ ④ $\dfrac{16}{27}$ ⑤ $\dfrac{15}{44}$
⑥ $\dfrac{28}{15}\left(1\dfrac{13}{15}\right)$ ⑦ $\dfrac{27}{16}\left(1\dfrac{11}{16}\right)$ ⑧ $\dfrac{15}{14}\left(1\dfrac{1}{14}\right)$
⑨ $\dfrac{20}{9}\left(2\dfrac{2}{9}\right)$ ⑩ $\dfrac{45}{64}$ ⑪ $\dfrac{24}{25}$ ⑫ $\dfrac{7}{8}$
⑬ $\dfrac{5}{24}$ ⑭ $\dfrac{8}{27}$ ⑮ $\dfrac{54}{35}\left(1\dfrac{19}{35}\right)$
式 $\dfrac{7}{8}\div\dfrac{4}{5}=\dfrac{35}{32}$　　答え $\dfrac{35}{32}\left(1\dfrac{3}{32}\right)$kg

14 ① $\dfrac{25}{9}\left(2\dfrac{7}{9}\right)$ ② $\dfrac{35}{24}\left(1\dfrac{11}{24}\right)$ ③ $\dfrac{22}{21}\left(1\dfrac{1}{21}\right)$
④ $\dfrac{16}{27}$ ⑤ $\dfrac{6}{25}$ ⑥ $\dfrac{2}{9}$ ⑦ $\dfrac{20}{3}\left(6\dfrac{2}{3}\right)$
⑧ 16 ⑨ $\dfrac{3}{28}$ ⑩ $\dfrac{2}{9}$ ⑪ 3
⑫ $\dfrac{5}{6}$ ⑬ $\dfrac{5}{3}\left(1\dfrac{2}{3}\right)$ ⑭ $\dfrac{1}{3}$ ⑮ $\dfrac{1}{12}$
式 $\dfrac{5}{6}\div\dfrac{5}{4}=\dfrac{2}{3}$　　答え $\dfrac{2}{3}$ 倍

10 ① $\dfrac{7}{10}$ ② $\dfrac{3}{8}$ ③ $\dfrac{17}{18}$ ④ $\dfrac{11}{7}\left(1\dfrac{4}{7}\right)$
⑤ $\dfrac{3}{7}$ ⑥ $\dfrac{10}{3}\left(3\dfrac{1}{3}\right)$ ⑦ $\dfrac{3}{2}\left(1\dfrac{1}{2}\right)$
⑧ $\dfrac{3}{4}$ ⑨ $\dfrac{15}{4}\left(3\dfrac{3}{4}\right)$ ⑩ $\dfrac{4}{9}$ ⑪ $\dfrac{1}{6}$
⑫ $\dfrac{7}{4}\left(1\dfrac{3}{4}\right)$ ⑬ $\dfrac{3}{5}$ ⑭ $\dfrac{6}{7}$ ⑮ $\dfrac{3}{5}$
式 $\dfrac{16}{9}\div\dfrac{12}{5}=\dfrac{20}{27}$　　答え $\dfrac{20}{27}$cm

15 ① $\dfrac{3}{8}$ ② $\dfrac{14}{3}\left(4\dfrac{2}{3}\right)$ ③ $\dfrac{1}{6}$ ④ $\dfrac{5}{6}$
⑤ $\dfrac{6}{25}$ ⑥ $\dfrac{4}{5}$ ⑦ $\dfrac{5}{3}\left(1\dfrac{2}{3}\right)$ ⑧ $\dfrac{1}{15}$
⑨ $\dfrac{4}{3}\left(1\dfrac{1}{3}\right)$ ⑩ $\dfrac{12}{7}\left(1\dfrac{5}{7}\right)$

11 ① $\dfrac{28}{5}\left(5\dfrac{3}{5}\right)$ ② $\dfrac{21}{5}\left(4\dfrac{1}{5}\right)$ ③ $\dfrac{28}{11}\left(2\dfrac{6}{11}\right)$
④ 16 ⑤ 25 ⑥ $\dfrac{42}{5}\left(8\dfrac{2}{5}\right)$
⑦ $\dfrac{28}{3}\left(9\dfrac{1}{3}\right)$ ⑧ 9 ⑨ 36 ⑩ $\dfrac{7}{54}$
⑪ $\dfrac{5}{16}$ ⑫ $\dfrac{1}{4}$ ⑬ $\dfrac{3}{8}$ ⑭ $\dfrac{2}{9}$ ⑮ $\dfrac{1}{7}$
式 $32\div\dfrac{2}{3}=48$　　答え 48kg

16 ① 50.24cm² ② 78.5cm²
③ 113.04cm² ④ 615.44m²
⑤ 12.56cm² ⑥ 47.1cm²
⑦ 28.26cm² ⑧ 28.5cm²
⑨ 18.84cm² ⑩ 235.5cm²

17 ① 28.26cm² ② 200.96m²
③ 153.86m² ④ 314cm²
⑤ 14.13cm² ⑥ 150.72cm²
⑦ 21.5cm² ⑧ 100.48cm²
⑨ 30.96cm² ⑩ 20.52cm²

12 ① $\dfrac{15}{56}$ ② $\dfrac{10}{3}\left(3\dfrac{1}{3}\right)$ ③ $\dfrac{5}{6}$ ④ $\dfrac{1}{6}$
⑤ $\dfrac{1}{8}$ ⑥ 3 ⑦ $\dfrac{10}{21}$ ⑧ $\dfrac{25}{12}\left(2\dfrac{1}{12}\right)$
⑨ $\dfrac{4}{9}$ ⑩ $\dfrac{6}{5}\left(1\dfrac{1}{5}\right)$ ⑪ $\dfrac{25}{21}\left(1\dfrac{4}{21}\right)$
⑫ $\dfrac{49}{48}\left(1\dfrac{1}{48}\right)$ ⑬ $\dfrac{2}{3}$ ⑭ 8 ⑮ $\dfrac{4}{75}$
式 $9\dfrac{3}{8}\div\dfrac{5}{8}=15$　　答え 15dL

18 ① $\dfrac{7}{5}$ ② $\dfrac{1}{4}$ ③ $\dfrac{4}{5}$
④ $\dfrac{3}{20}$ ⑤ $\dfrac{1}{5}$ ⑥ $\dfrac{3}{2}$
⑦ 7:8 ⑧ 3:7 ⑨ 6:5
⑩ 5:2 ⑪ 5:7 ⑫ 48
⑬ 35 ⑭ 3 ⑮ $\dfrac{4}{15}$ ⑯ 35

13 ① $\dfrac{9}{13}$ ② $\dfrac{4}{5}$ ③ $\dfrac{1}{6}$ ④ $\dfrac{5}{2}\left(2\dfrac{1}{2}\right)$
⑤ 5 ⑥ $\dfrac{9}{10}$ ⑦ $\dfrac{15}{2}\left(7\dfrac{1}{2}\right)$
⑧ $\dfrac{1}{4}$ ⑨ $\dfrac{7}{3}\left(2\dfrac{1}{3}\right)$ ⑩ 1

19 ① $\dfrac{4}{9}$ ② 3 ③ $\dfrac{7}{5}$ ④ $\dfrac{5}{14}$
⑤ $\dfrac{70}{3}$ ⑥ $\dfrac{16}{15}$ ⑦ 12:7
⑧ 7:5 ⑨ 3:14 ⑩ 3:2
⑪ 4:3 ⑫ 2 ⑬ 7
⑭ 42 ⑮ 1 ⑯ 5

20 ① 16 m³　② 141.3 cm³
③ 180 cm³　④ 125.6 cm³
⑤ 140 cm³　⑥ 10990 cm³
⑦ 276 cm³　⑧ 456.96 cm³
⑨ 30 cm³　⑩ 21.98 cm³

21 ① 式 $y=60÷x$（$x×y÷2=30$）、△
　㋐ 30　㋑ 3　㋒ 7.5　㋓ 15
② 式 $y=2×x$、○
　㋐ 4　㋑ 11.2　㋒ 18　㋓ 12
③ 式 $y=28÷x$、△
　㋐ 7　㋑ 4　㋒ 11.2　㋓ 14
④ 式 $y=30+20×x$、×
　㋐ 70　㋑ 3　㋒ 5　㋓ 210
⑤ 式 $y=80×x$、○
　㋐ 5　㋑ 9　㋒ 880　㋓ 1200
式 $y=2.5×x$、380

22 ① $y=80×x$
② 960
③ 3.5
④ $y=4.5×x$
⑤ 10.8
⑥ 6
⑦ $y=108÷x$（$x×y÷2=54$）
⑧ 7.2
⑨ 14.4
式 $y=720÷x$、300

23 ① 12通り　② 24通り　③ 12通り
④ 20通り　⑤ 60通り
16通り
16通り

24 ① 10通り　② 10通り
③ 5試合　④ 15試合
⑤ 2円、11円、20円、51円、
　60円、100円
⑥ 7通り
10通り

25 ① 6通り　② 12通り　③ 6通り
④ 3通り　⑤ 9通り　⑥ 24通り
⑦ 18通り　⑧ 10通り　⑨ 16通り
8通り

26 ① 2400 m　② 740 mm
③ 39 cm　④ 0.56 km
⑤ 90 mL　⑥ 2.2 kL
⑦ 400 cm³　⑧ 3600 cm³
⑨ 800 kg　⑩ 1200 mg
⑪ 400 g　⑫ 0.98 kg
⑬ 3 ha　⑭ 0.01 a
⑮ 1500000 m²　⑯ 6.5 ha
⑰ 5000 kg　⑱ 25 g
⑲ 430 cm³　⑳ 5.5 L

27 ① $\frac{10}{27}$　② $\frac{15}{16}$　③ $\frac{3}{4}$
④ $\frac{25}{28}$　⑤ $\frac{28}{5}\left(5\frac{3}{5}\right)$　⑥ $\frac{10}{3}\left(3\frac{1}{3}\right)$
⑦ $\frac{9}{10}$　⑧ 2　⑨ $\frac{8}{9}$
⑩ $\frac{3}{5}$　⑪ 11　⑫ $\frac{8}{11}$
⑬ 4：9　⑭ 5：8　⑮ 9：11
⑯ 45　⑰ 2
式 $104×\frac{7}{13}=56$　　答え 56人

28 ① $\frac{25}{28}$　② $\frac{8}{15}$　③ $\frac{3}{10}$　④ 15
⑤ $\frac{9}{2}\left(4\frac{1}{2}\right)$　⑥ $\frac{3}{8}$　⑦ $\frac{6}{25}$
⑧ $\frac{20}{9}\left(2\frac{2}{9}\right)$　⑨ $\frac{1}{5}$　⑩ 5
⑪ $\frac{7}{4}\left(1\frac{3}{4}\right)$　⑫ $\frac{3}{2}\left(1\frac{1}{2}\right)$
⑬ 20通り　⑭ 10通り
式 $238÷\frac{7}{12}=408$
　 $408-238=170$
　　　　　　答え 170人

「小学教科書ワーク・
数と計算」で、
さらに練習しよう！

直方体の体積＝縦×横×高さ

 見取図

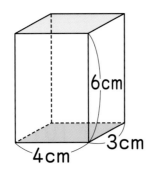

6cm
3cm
4cm

展開図

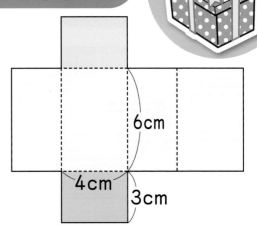

6cm
4cm
3cm

体積　$3 \times 4 \times 6 = 72 (cm^3)$
縦　横　高さ

角柱の体積＝底面積×高さ

見取図

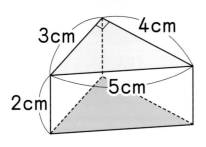

3cm　4cm
5cm
2cm

展開図

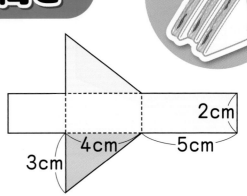

2cm
4cm
5cm
3cm

体積　$(4 \times 3 \div 2) \times 2 = 12 (cm^3)$
底面積　　高さ

体積の求め方のくふう ① （分けて考える）

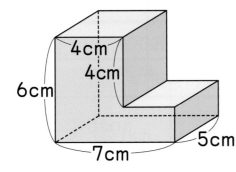

4cm
4cm
6cm
7cm
5cm

➡

4cm　5cm
6cm
あ

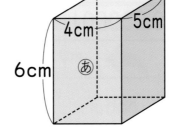

2cm 3cm 5cm
い

体積　$5 \times 4 \times 6 + 5 \times 3 \times 2 = 150 (cm^3)$
あ　　　　　い

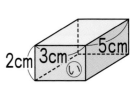

体積と展開図

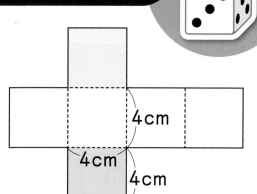

立方体の体積＝１辺×１辺×１辺

見取図

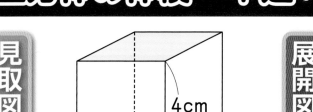

4cm
4cm
4cm

展開図

4cm
4cm
4cm

体積　$4 \times 4 \times 4 = 64 \,(\text{cm}^3)$

１辺　１辺　１辺

円柱の体積＝底面積×高さ

見取図

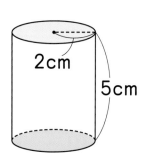

2cm
5cm

展開図

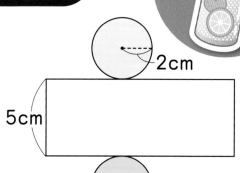

2cm
5cm

体積　$2 \times 2 \times 3.14 \times 5 = 62.8 \,(\text{cm}^3)$

底面積　　　　高さ

体積の求め方のくふう② （ひいて考える）

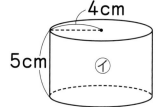

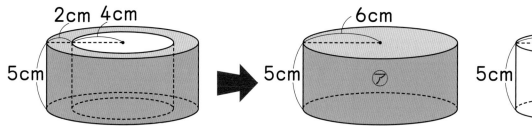

2cm　4cm
5cm

6cm
5cm　⑦

4cm
5cm　⑦

体積　$6 \times 6 \times 3.14 \times 5 - 4 \times 4 \times 3.14 \times 5 = 314 \,(\text{cm}^3)$

⑦　　　　　　　⑦

教科書ワーク もくじ

教育出版版 算数6年

 コードを読みとって、下の番号の動画を見てみよう。

文字を使った式
基本のワーク

学習の目標・
数量の関係を、文字を使って表せるようになろう。

教科書 11〜19ページ　答え 1ページ

基本1 文字を使って数量の関係を式に表し、答えを求めることができますか。

☆ ようへいさんの学校の5年生と6年生の児童数は、あわせて231人です。そのうち、5年生の児童数は119人です。
① 6年生の児童数を x 人として、式に表しましょう。
② 6年生の人数を求めましょう。

とき方　まだわかっていない数を、x などの文字を使って式に表すことがあります。
① 右の図より、119+ □ = □　　答え □
② 119+x=231
　　　x=231− □
　　　x= □　　答え □ 人

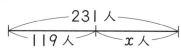

231人 / 119人 / x人

① 80円のノートを3冊とえんぴつを1本買ったら、代金は280円でした。えんぴつ1本の値段は何円でしょうか。
えんぴつ1本の値段を x 円として式に表し、答えを求めましょう。　教科書 16ページ2
式

答え（　　　　）

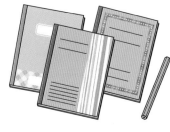

基本2 2つの数量の関係を文字を使って表すことができますか。

☆ 横の長さが3cmの長方形があります。
① 縦の長さを x cm、面積を y cm² として、x と y の関係を式に表しましょう。
② 縦の長さが7cmのときの面積を求めましょう。

とき方　2つの数量の関係を、x や y などの文字を使って表すことがあります。
① 縦×横＝面積 だから、□ ×3= □　　答え □
② ①の式の x に7をあてはめて計算します。
　□ ×3= □　　答え □ cm²

② 上の 基本2 の長方形で、面積が54cm²のときの縦の長さを求めましょう。
教科書 17ページ3
式

答え（　　　　）

さんすうはかせ 上の x で表した数のように、きまった数があてはまるけれども、まだわかっていない数のことを「未知数」というよ。

☆ 計算のきまり （○−△)×□＝○×□−△×□　の○を a、△を b、□を c として、文字を使って表し、a、b、c に次の数をあてはめて、式が成り立つことを確かめましょう。

❶ $a＝5$、$b＝4$、$c＝3$ 　　　　❷ $a＝9.5$、$b＝6$、$c＝10$

とき方　計算のきまりを a、b、c を使って表すと、次のような式になります。

$(a−b)×c＝\boxed{}×\boxed{}−\boxed{}×\boxed{}$

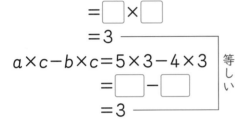

❶ $(a−b)×c＝(5−4)×3$
$＝\boxed{}×\boxed{}$
$＝3$

$a×c−b×c＝5×3−4×3$
$＝\boxed{}−\boxed{}$
$＝3$

等しい

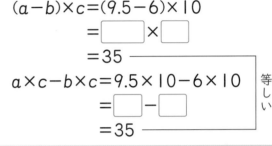

❷ $(a−b)×c＝(9.5−6)×10$
$＝\boxed{}×\boxed{}$
$＝35$

$a×c−b×c＝9.5×10−6×10$
$＝\boxed{}−\boxed{}$
$＝35$

等しい

③ $a÷b＝(a÷c)÷(\boxed{}÷\boxed{})$ について、次の問題に答えましょう。c は 0 でない数です。

📖教科書 18ページ ④

❶ 上の $\boxed{}$ にあてはまる文字を書きましょう。

❷ 文字 a に 150、b に 30、c に 10 をあてはめて、式が成り立つことを確かめましょう。

$\left(\right)$

☆ 1200 円で、350 円のショートケーキを 2 個と、150 円のシュークリームを買えるだけ買います。シュークリームを何個買うことができるでしょうか。シュークリームの個数を a 個として式に表し、答えを求めましょう。

とき方　代金の合計は、ショートケーキ 2 個の値段＋シュークリーム a 個の値段だから、
$350×2＋150×a$

$a＝1$ のとき　$350×2＋150×1＝850$…買える。
$a＝2$ のとき　$350×2＋150×2＝\boxed{}$…買える。
$a＝3$ のとき　$350×2＋150×3＝\boxed{}$…買える。
$a＝4$ のとき　$350×2＋150×4＝\boxed{}$…買えない。
$a＝4$ ではじめて 1200 をこえるので、$\boxed{}$ 個まで買えます。

答え $\boxed{}$ 個

④ 長さ 80 cm の木の棒があります。この棒から長さ 30 cm の棒を 1 本と、12 cm の棒をできるだけたくさんとります。長さ 12 cm の棒は、何本とれるでしょうか。

とれる数を a 本として式に表し、答えを求めましょう。

📖教科書 19ページ

$\left(\right)$

ポイント　文字を使った式に表すと、いろいろな数のときをまとめて考えることができます。

❶ 文字を使った式

練習のワーク

教科書 11〜21ページ　答え 1ページ

できた数

/8問中

1 文字を使った式　同じ本5冊の重さをはかったら、1700gでした。本1冊の重さは何gでしょうか。本1冊の重さを x g として式に表し、答えを求めましょう。

式

答え（　　　　　　）

2 2つの数量の関係　周りの長さが28cmの長方形を作ります。

❶　縦の長さを a cm、横の長さを b cm として、a と b の関係を式に表しましょう。

（　　　　　　）

❷　縦の長さが8cmのときの横の長さを求めましょう。

式

答え（　　　　　　）

3 2つの数量の関係　縦の長さが24cmの長方形があります。

❶　横の長さを x cm、面積を y cm² として、x と y の関係を式に表しましょう。

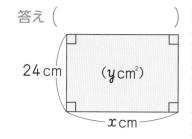

24cm　（y cm²）　x cm

（　　　　　　）

❷　横の長さが3.5cmのときの面積を求めましょう。

式

答え（　　　　　　）

❸　面積が216cm²のときの横の長さを求めましょう。

式

答え（　　　　　　）

4 文字を使った計算のきまり　□にあてはまる文字を書きましょう。

❶　$(a+b)+c=\boxed{}+(b+\boxed{})$　❷　$(\boxed{}+\boxed{})\times\boxed{}=a\times c+b\times c$

1 文字を使った式
　1冊の重さ × 冊数
　= 全体の重さ
の式に、文字や数をあてはめます。

2 2つの数量の関係
❷　（縦＋横）×2
　= 周りの長さ
の式に、文字や数をあてはめます。

3 2つの数量の関係

❷❸ **ちゅうい**
x と y のどちらに数をあてはめるのか気をつけましょう。

4 計算のきまり

さんこう
❶のきまりは、たし算の結合法則といいます。
また、❷のきまりは分配法則といいます。

できるナビ　文字を使った式では、同じ文字はいつでも同じ数を表すよ。計算のきまりが正しいかどうかは、同じ文字に同じ数をあてはめて計算すれば確かめることができるよ。

まとめのテスト

1 1個80円のりんごを6個買って、バスケットに入れてもらったら、代金は610円でした。バスケットの値段は何円でしょうか。

バスケットの値段を x 円として式に表し、答えを求めましょう。

式　　　　　　　　　　　　　　　　　　　　　1つ10〔20点〕

答え（　　　　　　　　　）

2 よく出る　クラスの26人に、1人 a 枚ずつ画用紙を配ったら、画用紙は全部で b 枚必要でした。

1つ8〔40点〕

❶　a と b の関係を式に表しましょう。

（　　　　　　　　　）

❷　1人4枚ずつ配ったとき、全部の枚数は何枚でしょうか。

式

答え（　　　　　　　　　）

❸　全部の枚数が234枚のとき、1人あたりの枚数は何枚でしょうか。

式

答え（　　　　　　　　　）

3 円周の長さが34.54cmの円をかくには、直径の長さは何cmにすればよいでしょうか。

直径の長さを x cmとして式に表し、答えを求めましょう。

式　　　　　　　　　　　　　　　　　　　　　1つ10〔20点〕

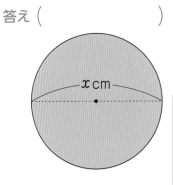

答え（　　　　　　　　　）

4 右の直角三角形で、次の式はそれぞれ何を表しているでしょうか。

1つ10〔20点〕

❶　$a+b+c$

（　　　　　　　　　）

❷　$b×c÷2$

（　　　　　　　　　）

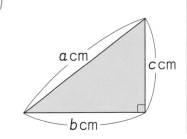

　□ 文字を使って式に表すことができたかな？
　　　□ 文字に数をあてはめて、求めることができたかな？

分数と整数のかけ算、わり算

基本のワーク

教科書　24〜34ページ　　答え　2ページ

学習の目標・
分数と整数のかけ算やわり算のしかたを考えよう。

基本 ❶ 分数×整数 の計算のしかたがわかりますか。

☆ 1mの重さが $\frac{3}{5}$ kgの鉄の棒があります。この棒2mの重さは何kgでしょうか。

とき方 2mの重さは1mの重さの2倍だから、式は $\frac{3}{5} \times \boxed{}$ です。

$\frac{3}{5}$ は $\frac{1}{5}$ が $\boxed{}$ 個分だから、$\frac{3}{5} \times 2$ は、$\frac{1}{5}$ が $(\boxed{} \times \boxed{})$ 個分です。

$\frac{3}{5} \times 2 = \frac{\boxed{} \times \boxed{}}{5}$

$= \frac{\boxed{}}{5}$ 　答え $\boxed{}$ kg

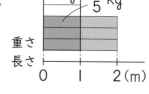

たいせつ
分数に整数をかける計算では、分母はそのままにして、分子に整数をかけます。　　$\frac{b}{a} \times c = \frac{b \times c}{a}$

---

❶ 計算をしましょう。　　📖 教科書 25ページ 1

① $\frac{1}{7} \times 3$ 　　　② $\frac{4}{9} \times 2$ 　　　③ $\frac{5}{4} \times 7$

基本 ❷ 約分できるかけ算や、帯分数×整数 の計算のしかたがわかりますか。

☆ 計算をしましょう。

① $\frac{8}{15} \times 3$ 　　　② $1\frac{1}{3} \times 5$

とき方 ① 途中で約分してから計算します。$\frac{8}{15} \times 3 = \frac{8 \times \overset{1}{3}}{\underset{5}{15}} = \frac{\boxed{}}{\boxed{}}$ 　答え $\boxed{}$

② 帯分数を仮分数になおします。$1\frac{1}{3} \times 5 = \frac{4}{3} \times 5 = \frac{4 \times \boxed{}}{3} = \frac{\boxed{}}{3}$ 　答え $\boxed{}$

---

❷ 計算をしましょう。　　📖 教科書 30ページ 2 3

① $\frac{7}{8} \times 4$ 　　　② $\frac{4}{9} \times 12$ 　　　③ $\frac{3}{2} \times 14$

④ $1\frac{1}{4} \times 9$ 　　　⑤ $1\frac{3}{10} \times 6$ 　　　⑥ $2\frac{5}{8} \times 16$

さんすうはかせ 分数は英語で「fraction（フラクション）」というけれど、その語源は「ばらばらにくだく」という意味のラテン語なんだって。

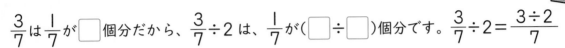

基本③ 分数÷整数 の計算のしかたがわかりますか。

☆ $\frac{3}{7}$ L のジュースを 2 人で等分します。1 人分は何 L になるでしょうか。

とき方 1 人分の量は 2 人分の量の半分だから、式は $\frac{3}{7} \div \boxed{}$ です。

$\frac{3}{7}$ は $\frac{1}{7}$ が $\boxed{}$ 個分だから、$\frac{3}{7} \div 2$ は、$\frac{1}{7}$ が $(\boxed{} \div \boxed{})$ 個分です。$\frac{3}{7} \div 2 = \frac{3 \div 2}{7}$

このまま計算すると分子が整数にならないので、次のようにします。

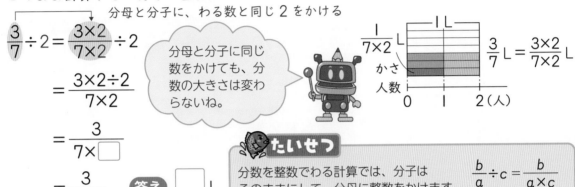

分母と分子に、わる数と同じ 2 をかける

$$\frac{3}{7} \div 2 = \frac{3 \times 2}{7 \times 2} \div 2$$

$$= \frac{3 \times 2 \div 2}{7 \times 2}$$

分母と分子に同じ数をかけても、分数の大きさは変わらないね。

$$= \frac{3}{7 \times \boxed{}}$$

$$= \frac{3}{\boxed{}}$$ **答え** $\boxed{}$ L

たいせつ
分数を整数でわる計算では、分子はそのままにして、分母に整数をかけます。
$$\frac{b}{a} \div c = \frac{b}{a \times c}$$

📖 教科書 31ページ④ 32ページ⑤

③ 計算をしましょう。

① $\frac{2}{3} \div 5$ 　　② $\frac{1}{2} \div 6$ 　　③ $\frac{7}{12} \div 4$

基本④ 約分できるわり算や，帯分数÷整数 の計算のしかたがわかりますか。

☆ 計算をしましょう。

① $\frac{4}{9} \div 2$ 　　② $1\frac{1}{4} \div 3$

とき方 ① 途中で約分してから計算します。$\frac{4}{9} \div 2 = \frac{\overset{2}{4}}{9 \times \underset{1}{2}} = \frac{\boxed{}}{\boxed{}}$ **答え** $\boxed{}$

② 帯分数を仮分数になおします。$1\frac{1}{4} \div 3 = \frac{5}{4} \div 3 = \frac{5}{4 \times \boxed{}} = \frac{5}{\boxed{}}$ **答え** $\boxed{}$

📖 教科書 34ページ⑥

④ 計算をしましょう。

① $\frac{6}{5} \div 3$ 　　② $\frac{10}{7} \div 6$ 　　③ $\frac{21}{8} \div 12$

④ $1\frac{1}{2} \div 4$ 　　⑤ $2\frac{2}{9} \div 5$ 　　⑥ $2\frac{4}{5} \div 6$

ポイント 分数×整数 → 分子に整数をかけます。
分数÷整数 → 分母に整数をかけます。

❷ 分数と整数のかけ算、わり算

練習のワーク

できた数

／14問中

教科書 24〜36ページ　答え 2ページ

1 分数×整数　計算をしましょう。

① $\dfrac{1}{8} \times 5$

② $\dfrac{3}{11} \times 2$

③ $\dfrac{7}{9} \times 3$

④ $\dfrac{5}{16} \times 20$

⑤ $1\dfrac{5}{6} \times 4$

⑥ $2\dfrac{1}{4} \times 12$

2 分数÷整数　計算をしましょう。

① $\dfrac{1}{4} \div 4$

② $\dfrac{2}{7} \div 5$

③ $\dfrac{4}{9} \div 8$

④ $\dfrac{8}{3} \div 12$

⑤ $4\dfrac{2}{3} \div 7$

⑥ $1\dfrac{4}{5} \div 6$

3 文章題① ケーキを 1 個作るのに、小麦粉を $\dfrac{3}{16}$ kg

使います。このケーキを 6 個作るには、何kgの小麦粉が必要でしょうか。

式

答え（　　　　　　　　）

4 文章題② $\dfrac{2}{3}$ L ある牛乳を 3 人で等分します。1 人分は何 L になるでしょうか。

式

答え（　　　　　　　　）

1 分数×整数

たいせつ

$\dfrac{b}{a} \times c = \dfrac{b \times c}{a}$

2 分数÷整数

たいせつ

$\dfrac{b}{a} \div c = \dfrac{b}{a \times c}$

①

ちゅうい

わられる数の分母とわる数では、約分できません。

3 文章題①
分数×整数 を使った問題です。

4 文章題②
分数÷整数 を使った問題です。

8

できるナビ　約分できるときは、途中で約分してから計算しよう。また、帯分数は仮分数になおしてから計算しよう。

まとめのテスト

得点

/100点

時間 **20** 分

教科書 24〜36ページ 答え 3ページ

1 よく出る 計算をしましょう。 1つ6〔36点〕

① $\dfrac{1}{2} \times 9$

② $\dfrac{11}{20} \times 4$

③ $\dfrac{7}{18} \times 8$

④ $\dfrac{10}{3} \times 12$

⑤ $1\dfrac{6}{25} \times 5$

⑥ $2\dfrac{1}{7} \times 42$

2 よく出る 計算をしましょう。 1つ6〔36点〕

① $\dfrac{5}{6} \div 7$

② $\dfrac{2}{9} \div 3$

③ $\dfrac{4}{13} \div 8$

④ $\dfrac{9}{8} \div 6$

⑤ $1\dfrac{5}{7} \div 4$

⑥ $2\dfrac{3}{11} \div 30$

3 縦 $\dfrac{7}{4}$ cm、横 6cm の長方形があります。この長方形の面積は何cm² でしょうか。

1つ7〔14点〕

式

答え（　　　　　　　　）

4 とみおさんは、同じコースを 1 週間ジョギングしました。走った長さを合計すると、$8\dfrac{3}{4}$ km になるそうです。このコースの長さは何km でしょうか。

1つ7〔14点〕

式

答え（　　　　　　　　）

 □ 分数×整数、分数÷整数の計算はできたかな？
□ 文章題をまちがえずに解くことができたかな？

9

ふろくの「計算練習ノート」3〜4ページをやろう！

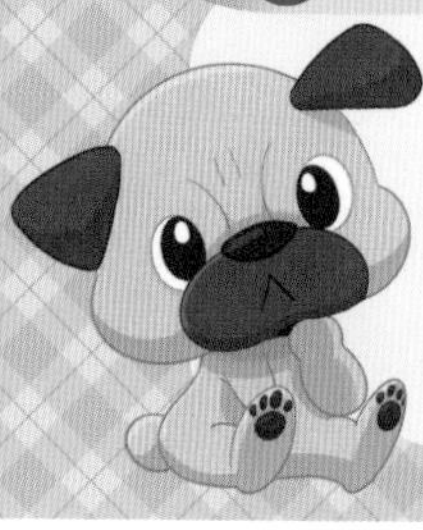

対称な図形 [その1]

基本のワーク

教科書　38〜45ページ　　答え　3ページ

基本 ❶ 線対称な図形がわかりますか。

☆ 右の図で、線対称な図形はどれでしょうか。

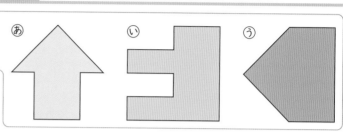

とき方　１本の直線を折りめとして２つに折ったとき、折りめの両側の部分がぴったりと重なる図形を　□□□□　な図形といい、折りめの直線を　□□□□　といいます。

あと⓾は、それぞれ右の図の――を折りめとして２つに折るとぴったり重なります。

対称の軸

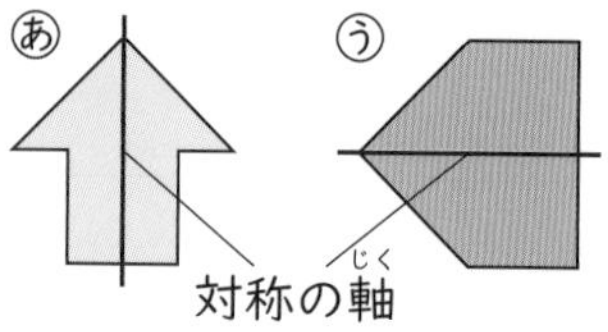

答え　□ 、 □

① 下の図で、線対称な図形はどれでしょうか。

📖教科書　39ページ❶

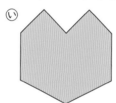

（　　　　　　　　）

基本 ❷ 点対称な図形がわかりますか。

☆ 右の図で、点対称な図形はどれでしょうか。

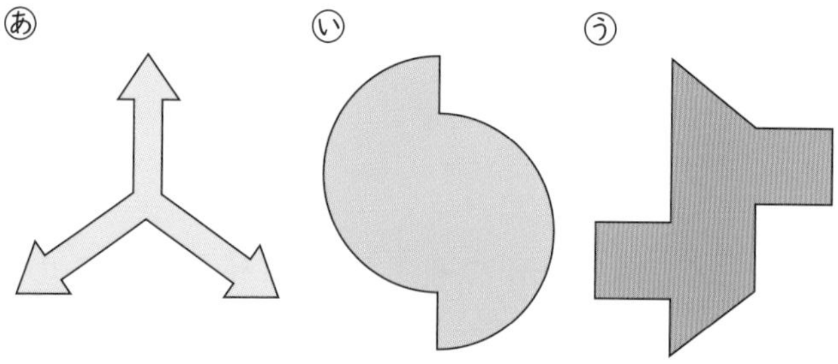

とき方　１つの点を中心にして180°回転させたとき、もとの形とぴったり重なる図形を　□□□□　な図形といい、中心にした点を　□□□□　といいます。

⓸は、右の図の・を中心として180°回転させるとぴったり重なります。

答え　□

対称の中心

② 下の図で、点対称な図形はどれでしょうか。

📖教科書　39ページ❶

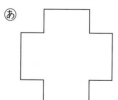
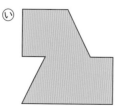
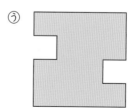

（　　　　　　　　）

さんすうはかせ　アルファベットを図形とみたてて、線対称、点対称な図形を見つけよう。アルファベットのＡは線対称な図形で、Ｎは点対称な図形だよ。

基本 3 線対称な図形で、対応する頂点、辺、角がわかりますか。

☆ 右の図は、直線アイを対称の軸とした線対称な図形です。
次の❶から❸にあてはまるものを答えましょう。
❶ 頂点Cと対応する頂点　　❷ 辺AHと対応する辺
❸ 角Fと対応する角

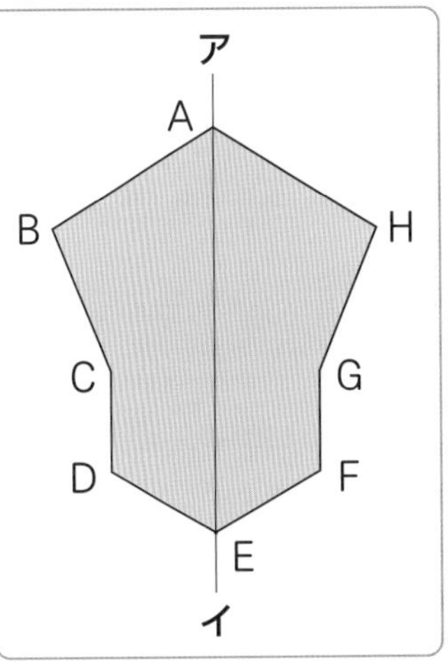

とき方 線対称な図形で、対称の軸を折りめとして2つに折っ
たとき、ぴったり重なる頂点、辺、角を、それぞれ対応する
頂点、対応する辺、対応する角といいます。
　　直線アイで2つに折ったとき、頂点Bと頂点□、頂点C
と頂点□、頂点Dと頂点□が重なります。
答え ❶ 頂点□　　❷ 辺□　　❸ 角□

3 上の 基本3 で、辺EFと対応する辺、角Bと対応する角を答えましょう。

📖 教科書 44ページ②

辺EFと対応する辺 (　　　　　　)
角Bと対応する角 (　　　　　　)

基本 4 点対称な図形で、対応する頂点、辺、角がわかりますか。

☆ 右の図は、点Oを対称の中心とした点対称な図形で
す。次の❶から❸にあてはまるものを答えましょう。
❶ 頂点Aと対応する頂点
❷ 辺FEと対応する辺
❸ 角Cと対応する角

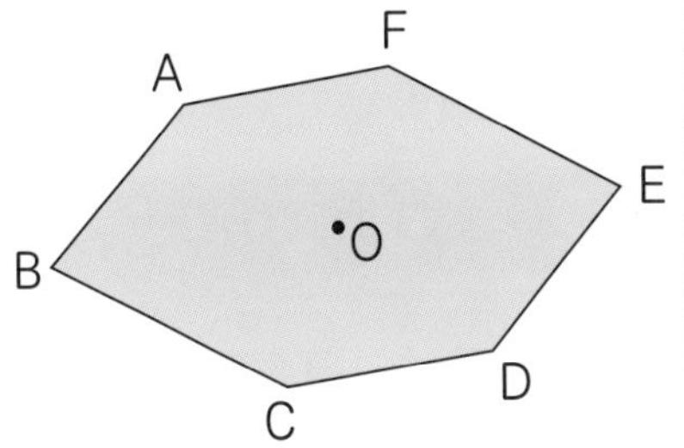

とき方 点対称な図形で、1つの点を中心にして180°
回転させたとき、もとの図形とぴったり重なる頂点、辺、角を、それぞれ対応する頂点、
対応する辺、対応する角といいます。
　　点Oを中心に180°回転させたとき、頂点Aと頂点□、頂点Bと頂点□、頂点C
と頂点□が重なります。　　答え ❶ 頂点□　　❷ 辺□　　❸ 角□

4 上の 基本4 で、辺ABと対応する辺、角Eと対応する角を答えましょう。

📖 教科書 44ページ②

辺ABと対応する辺 (　　　　　　)　　　角Eと対応する角 (　　　　　　)

ポイント 線対称な図形を、対称の軸で分けてできる2つの図形は合同で、一方を裏返して180°回
転させて合わせると、点対称な図形になります。

11

③ 対称な図形

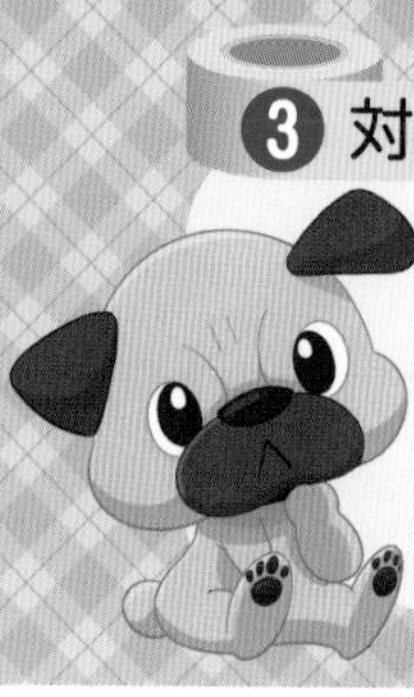

対称な図形 [その2]

基本のワーク

教科書 46～49ページ　答え 4ページ

基本 ①　線対称な図形の性質がわかりますか。

☆ 右の図は、直線アイを対称の軸とした線対称な図形です。

① 直線AFの長さは何cmでしょうか。

② 直線アイのほかに、対称の軸があればかき入れましょう。

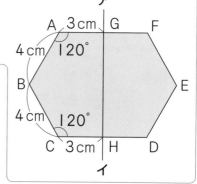

とき方 ① 点Aと点Fは対応しているので、直線AGと直線FGの長さは等しくなります。直線AFの長さは、

☐×2=☐　**答え** ☐cm

② どこを折りめとして折ると、両側の部分がぴったり重なるか考えます。　**答え** 問題の図に記入

たいせつ

線対称な図形の性質
・対応する2つの点を結ぶ直線は、対称の軸と垂直に交わります。
・対称の軸と交わる点から、対応する2つの点までの長さは等しくなっています。

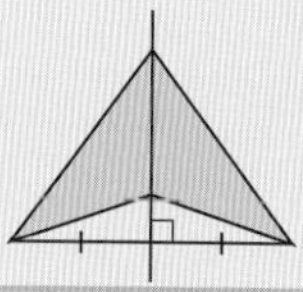

① 右の図は、直線アイを対称の軸とした線対称な図形です。
直線CJの長さと、角あの大きさを答えましょう。

📖 教科書 46ページ③

直線CJ（　　　　　　）　角あ（　　　　　　）

基本 ②　線対称な図形のかき方がわかりますか。

☆ 右の図は、直線アイを対称の軸とした線対称な図形の半分です。残りの半分をかきましょう。

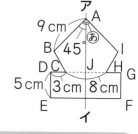

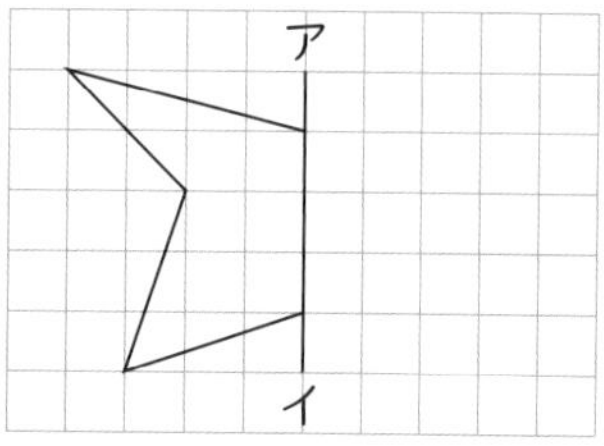

とき方 それぞれの頂点から直線アイに垂直な直線をひいて、同じ長さだけ反対側にのばすと、対応する頂点の位置が決まるので、それらを順に結びます。　**答え** 問題の図に記入

② 次の図は、直線アイを対称の軸とした線対称な図形の半分です。残りの半分をかきましょう。

📖 教科書 47ページ④

①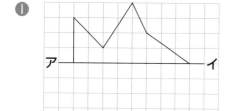

②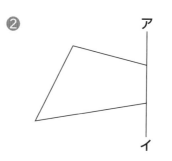

 対称の中心に○（オー）を使うのは、「起源・原点」という意味の単語「origin（オリジン）」の頭文字からきているんだって。円の中心も○で表されるよ。

基本 **3** 点対称な図形の性質がわかりますか。

☆ 右の図は、点対称な図形です。

❶ 対称の中心となるように、点Oをかき入れましょう。

❷ 直線OCと等しい長さの直線を答えましょう。

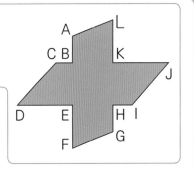

とき方 ❶ 頂点Aと対応する頂点は頂点◻、頂点Dと対応する頂点は頂点◻だから、直線AGと直線DJをかくと、その交わる点が対称の中心Oです。

答え 問題の図に記入

❷ 頂点Cと対応する頂点は頂点◻だから、直線OCと等しい長さの直線は直線◻です。

答え 直線 ◻

🐟 **たいせつ**

点対称な図形の性質
・対応する2つの点を結ぶ直線は、対称の中心を通ります。
・対称の中心から、対応する2つの点までの長さは等しくなっています。

❸ 右の図は、点対称な図形です。 📖教科書 48ページ**5**

❶ 対称の中心となるように、点Oをかき入れましょう。

❷ 辺HGと等しい長さの辺を答えましょう。（　　　）

❸ 角Fと同じ大きさの角を答えましょう。（　　　）

❹ 直線OIと等しい長さの直線を答えましょう。（　　　）

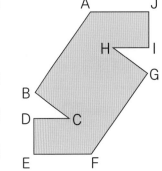

基本 **4** 点対称な図形のかき方がわかりますか。

☆ 右の図は、点Oを対称の中心とした点対称な図形の半分です。残りの半分をかきましょう。

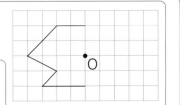

とき方 それぞれの頂点から点Oまで直線をひいて、同じ長さだけ反対側にのばすと、対応する頂点の位置が決まるので、それらを順に結びます。

答え 問題の図に記入

❹ 次の図は、点Oを対称の中心とした点対称な図形の半分です。残りの半分をかきましょう。

📖教科書 49ページ**6**

❶

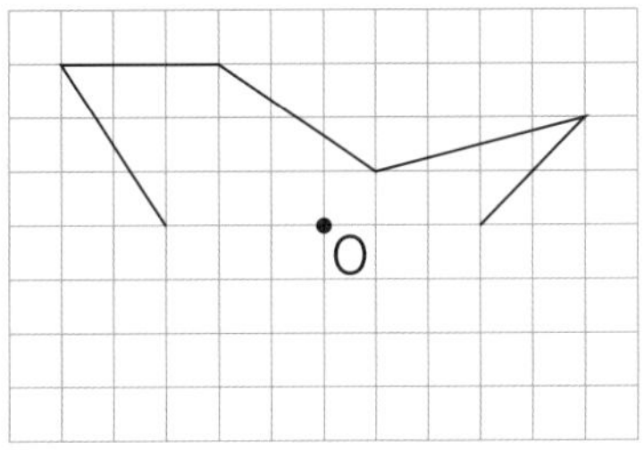

❷

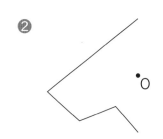

🎈**ポイント** 点対称な図形で、対応する2つの点を結ぶ直線を2本かくと、その交わる点が対称の中心になります。

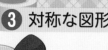

対称な図形 [その3]

基本のワーク

| 教科書 | 50〜51ページ | 答え | 4ページ |

基本1 四角形について、線対称か点対称か調べることができますか。

☆ 右の四角形について、線対称な図形には対称の軸を、点対称な図形には対称の中心を点Oとしてかき入れましょう。

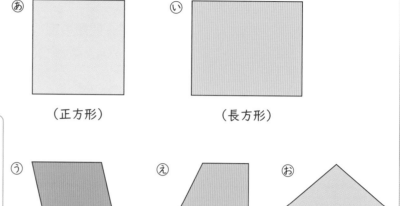

(ア)（正方形）　（イ)（長方形）

(ウ)（平行四辺形）　(エ)（台形）　(オ)（ひし形）

とき方 線対称な図形は、
ぁ、ぃ、□ です。
また、点対称な図形は、
ぁ、ぃ、□、おです。

答え 問題の図に記入

① 上の **基本1** の四角形のうち、線対称でもあり、点対称でもある図形を記号で答えましょう。

📖 教科書 50ページ **7**

（　　　　　）

基本2 三角形について、線対称か点対称か調べることができますか。

☆ 右の三角形について、線対称な図形には対称の軸を、点対称な図形には対称の中心を点Oとしてかき入れましょう。

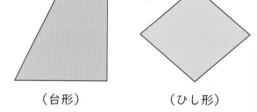

(ア)（正三角形）　(イ)（二等辺三角形）　(ウ)（直角三角形）

とき方 線対称な図形は、
ぁ、□ です。また、点対称な図形はありません。

答え 問題の図に記入

② 点対称な三角形をかくことはできるでしょうか。「できる。」または「できない。」で答えましょう。

📖 教科書 51ページ **8**

（　　　　　）

さんすうはかせ　都道府県や市町村のマークには、線対称な図形や点対称な図形がたくさんあるよ。さがしてみよう。

⭐ 右の正五角形と正六角形について、
線対称な図形には対称の軸を、点対
称な図形には対称の中心を点Ｏとし
てかき入れましょう。

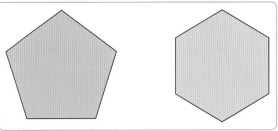

とき方 正五角形は線対称な図形ですが、
点対称な図形ではありません。正六角形
は、線対称でもあり、点対称でもある図形です。

答え 問題の図に記入

③ 右の正多角形について、線対称な
図形か点対称な図形かを調べ、表に
まとめましょう。あてはまるものに
は〇、あてはまらないものには×を
かき、線対称な図形には、対称の軸
の数も書きましょう。

📖**教科書** 51ページ⑨

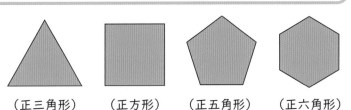

（正三角形）　（正方形）　（正五角形）　（正六角形）

対称の軸は
頂点の数だけ
あるよ。

	線対称	対称の軸の数	点対称
正三角形			
正方形			
正五角形			
正六角形			

⭐ 円は線対称な図形であり、点対称な図形でもあることを説明し
ましょう。

答え 右の図のように、円を直径ＡＢで２つに折ると、直線ＡＢの
両側の図形は〔　　〕で、ぴったり重なります。だから、円は線対
称な図形で、ＡＢは対称の〔　　〕といえます。円には直径が無数に
ひけるので、対称の〔　　〕は無数にあります。

また、円を中心Ｏを中心にして１８０°回転させると、もとの円とぴったり重なります。
だから、円は点対称な図形で、点Ｏは対称の〔　　〕といえます。

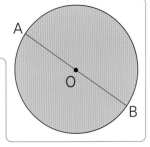

④ 右の円で、点Ｏは円の中心で、ＡＢは直径です。

📖**教科書** 51ページ⑨

① 直線ＣＤは対称の軸といえますか。

（　　　　　　　）

② 点Ｅを通る、対称の軸をかき入れましょう。

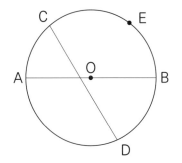

 線対称でもあり、点対称でもある図形では、対称の軸は対称の中心を通ります。

練習のワーク

| 教科書 | 38〜53ページ | 答え | 5ページ |

1 線対称　右の図は、線対称な図形です。

① 対称の軸をかき入れましょう。

② 直線CG は、対称の軸とどのように交わるでしょうか。

（　　　　　　　　　　　）

③ 辺HG の長さは何cm でしょうか。

（　　　　　　　　　　　）

④ 直線DF が対称の軸と交わる点をK とします。直線KF の長さは何cm でしょうか。

（　　　　　　　　　　　）

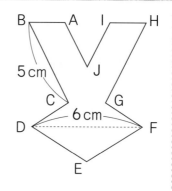

2 点対称　右の図は、点対称な図形です。

① 対称の中心となるように、点O をかき入れましょう。

② 辺AH と等しい長さの辺を答えましょう。

（　　　　　　　　　　　）

③ 角F と同じ大きさの角を答えましょう。

（　　　　　　　　　　　）

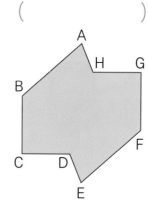

3 対称な図形のかき方　下の図で、❶は直線アイを対称の軸とした線対称な図形の半分で、❷は点O を対称の中心とした点対称な図形の半分です。それぞれ残りの半分をかきましょう。

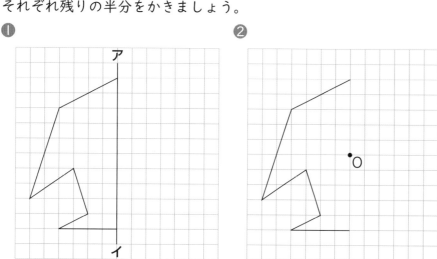

1 線対称な図形
④

たいせつ
対称の軸と交わる点から、対応する2つの点までの長さは等しくなっています。

2 点対称な図形
①

たいせつ
対応する2つの点を結ぶ直線は、対称の中心を通ります。

3 対称な図形のかき方
対応する頂点をすべて決めてから、それらを順に結びます。

できるナビ 線対称な図形も、点対称な図形も、対応する辺の長さや角の大きさは等しくなっているよ。

まとめのテスト

得点

／100点

教科書 **38〜53ページ**　答え **5ページ**

1 右の図は、直線**アイ**、**ウエ**を対称の軸とする線対称な図形で、点Qを対称の中心とする点対称な図形です。　　　　　　　　　　　　　1つ10〔70点〕

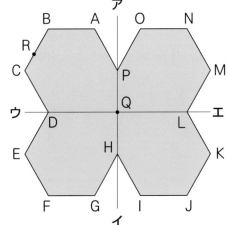

① 直線**アイ**を対称の軸とみると、頂点Bに対応する頂点はどれでしょうか。

（　　　　　　　　）

② 直線**ウエ**を対称の軸とみると、辺EFに対応する辺はどれでしょうか。

（　　　　　　　　）

③ 点Qを対称の中心とする点対称な図形とみると、頂点Oに対応する頂点はどれでしょうか。

（　　　　　　　　）

④ 点Qを対称の中心とする点対称な図形とみると、辺CDに対応する辺はどれでしょうか。

（　　　　　　　　）

⑤ 直線PHの長さが4cmのとき、直線PQの長さは何cmでしょうか。

（　　　　　　　　）

⑥ 直線EKは、直線**アイ**とどのように交わるでしょうか。

（　　　　　　　　）

⑦ 点Qを対称の中心とする点対称な図形とみます。辺BC上の点Rに対応する点をSとして、図にかき入れましょう。

2 よく出る 下の図で、①は直線**アイ**を対称の軸とした線対称な図形の半分で、②は点Oを対称の中心とした点対称な図形の半分です。それぞれ残りの半分をかきましょう。　1つ15〔30点〕

①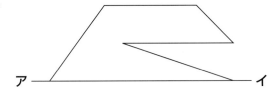

②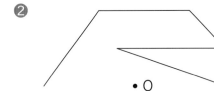

④ 分数のかけ算

分数のかけ算［その1］

基本のワーク

教科書　56〜62ページ　　答え　6ページ

学習の目標・
分数×分数の計算の
しかたを考え、計算で
きるようになろう。

基本①　分数×分数の計算ができますか。（1）

☆ 1mの重さが $\frac{4}{7}$ kgの棒があります。この棒 $\frac{1}{5}$ mの重さは何kgになるでしょうか。

とき方

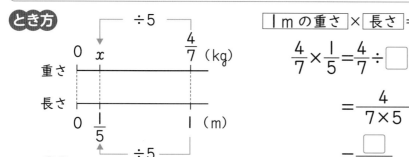

1mの重さ × 長さ ＝ 重さ に数をあてはめます。

$$\frac{4}{7}\times\frac{1}{5}=\frac{4}{7}\div\square$$
$$=\frac{4}{7\times5}$$
$$=\frac{\square}{\square}$$

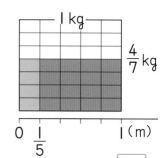

$\frac{1}{5}$ mは1mを5でわった量だから、重さも5でわればいいね。

答え $\square$ kg

① 1mの重さが $\frac{3}{4}$ kgのロープがあります。このロープ $\frac{1}{4}$ mの重さは何kgでしょうか。

教科書　56ページ①

式

答え（　　　　　　　）

基本②　分数×分数の計算ができますか。（2）

☆ 1mの重さが $\frac{4}{7}$ kgの棒があります。この棒 $\frac{3}{5}$ mの重さは、何kgになるでしょうか。

とき方

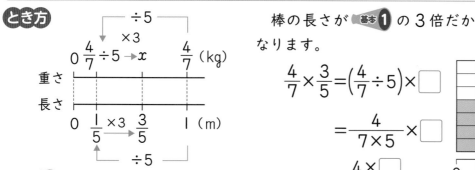

棒の長さが 基本① の3倍だから、重さも3倍になります。

$$\frac{4}{7}\times\frac{3}{5}=\left(\frac{4}{7}\div5\right)\times\square$$
$$=\frac{4}{7\times5}\times\square$$
$$=\frac{4\times\square}{7\times5}$$
$$=\frac{\square}{\square}$$

答え $\square$ kg

たいせつ
$$\frac{b}{a}\times\frac{d}{c}=\frac{b\times d}{a\times c}$$

さんすうはかせ　分数は日本では「3分の2」のように分母、分子の順で読むけれど、英語では分子、分母の順に読むんだよ。

計算をしましょう。

📖教科書 59ページ2

① $\dfrac{1}{3} \times \dfrac{2}{5}$

② $\dfrac{3}{8} \times \dfrac{5}{4}$

分母どうし、分子どうしをかけるんだよ。

③ $\dfrac{5}{6} \times \dfrac{5}{3}$

④ $\dfrac{4}{9} \times \dfrac{7}{3}$

⑤ $\dfrac{10}{3} \times \dfrac{8}{7}$

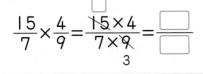 約分できる分数のかけ算ができますか。

☆ $\dfrac{15}{7} \times \dfrac{4}{9}$ の計算をしましょう。

とき方 計算の途中で約分できるときは、約分してから計算します。

$$\dfrac{15}{7} \times \dfrac{4}{9} = \dfrac{\overset{}{15} \times 4}{7 \times \underset{3}{9}} = \dfrac{\Box}{\Box}$$

 答え $\Box$

 計算をしましょう。

📖教科書 62ページ3

① $\dfrac{1}{2} \times \dfrac{4}{5}$

② $\dfrac{5}{4} \times \dfrac{3}{5}$

③ $\dfrac{2}{9} \times \dfrac{5}{8}$

④ $\dfrac{5}{6} \times \dfrac{4}{7}$

⑤ $\dfrac{8}{3} \times \dfrac{9}{5}$

⑥ $\dfrac{9}{10} \times \dfrac{2}{3}$

⑦ $\dfrac{6}{5} \times \dfrac{15}{8}$

⑧ $\dfrac{7}{9} \times \dfrac{18}{7}$

⑨ $\dfrac{9}{5} \times \dfrac{10}{3}$

ポイント　途中で約分できるときは、約分してから計算します。

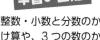
学習の目標・
整数・小数と分数のかけ算や、3つの数のかけ算を練習しよう。

分数のかけ算 ［その2］

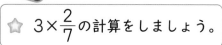

教科書 62〜64ページ　答え 6ページ

 整数 × 分数の計算ができますか。

☆ $3 \times \dfrac{2}{7}$ の計算をしましょう。

とき方 整数は、分母が 1 の分数で表して計算します。

$$3 \times \dfrac{2}{7} = \dfrac{\square}{1} \times \dfrac{2}{7} = \dfrac{\square \times 2}{1 \times 7} = \dfrac{\square}{\square}$$

答え $\square$

1 計算をしましょう。　　　　　　　　　　　　　教科書 62ページ4

① $2 \times \dfrac{2}{5}$ 　　　② $4 \times \dfrac{5}{8}$ 　　　③ $15 \times \dfrac{7}{3}$

④ $1\dfrac{3}{5} \times \dfrac{2}{3}$ 　　　⑤ $1\dfrac{4}{5} \times \dfrac{1}{2}$ 　　　⑥ $2\dfrac{2}{5} \times 1\dfrac{1}{9}$

 小数 × 分数の計算ができますか。

☆ $0.7 \times \dfrac{3}{5}$ の計算をしましょう。

とき方 小数は、分数で表して計算します。

$$0.7 = \dfrac{7}{\square} \text{ だから、} 0.7 \times \dfrac{3}{5} = \dfrac{7}{\square} \times \dfrac{3}{5} = \dfrac{7 \times 3}{\square \times 5} = \dfrac{21}{\square}$$

答え $\square$

2 計算をしましょう。　　　　　　　　　　　　　教科書 63ページ5

① $0.3 \times \dfrac{1}{4}$ 　　　② $0.6 \times \dfrac{7}{9}$ 　　　③ $0.5 \times \dfrac{4}{5}$

④ $1.8 \times \dfrac{5}{6}$ 　　　⑤ $3.6 \times \dfrac{3}{8}$ 　　　⑥ $2.7 \times \dfrac{10}{3}$

さんすうはかせ 帯分数は英語でmixed fraction（混じり合った分数）というよ。整数部分と分数部分とが混じり合っている分数という意味だね。

基本 ③ 3つの分数のかけ算ができますか。

☆ $\dfrac{3}{5} \times \dfrac{1}{4} \times \dfrac{5}{6}$ の計算をしましょう。

とき方 約分できるときは約分をしましょう。

$$\dfrac{3}{5} \times \dfrac{1}{4} \times \dfrac{5}{6} = \dfrac{3 \times 1}{5 \times 4} \times \dfrac{5}{6} = \dfrac{\overset{1}{3} \times 1 \times \overset{1}{5}}{\underset{1}{5} \times 4 \times \underset{\square}{6}} = \dfrac{\square}{\square}$$

答え $\boxed{}$

③ 計算をしましょう。 教科書 63ページ 6

① $\dfrac{2}{3} \times \dfrac{1}{5} \times \dfrac{1}{3}$

② $\dfrac{9}{10} \times \dfrac{14}{3} \times \dfrac{5}{7}$

基本 ④ 分数を使った図形の面積や体積を求めることができますか。

☆ 次の面積や体積を求めましょう。

① 縦$\dfrac{2}{5}$ m、横$\dfrac{6}{7}$ mの長方形の面積

② 縦$\dfrac{3}{4}$ m、横$\dfrac{5}{6}$ m、高さ$\dfrac{2}{7}$ m の直方体の体積

とき方 ① 右の図から、この長方形は、縦$\dfrac{1}{5}$ m、横$\dfrac{1}{7}$ mの

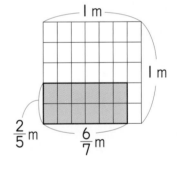

長方形が12個分でできていることがわかります。

したがって、この長方形の面積は、

$$\left(\dfrac{1}{5} \times \dfrac{1}{7}\right) \times 12 = \dfrac{1}{\square} \times 12 = \boxed{} \ (\text{m}^2)$$

また、公式にあてはめて計算すると、$\dfrac{2}{5} \times \dfrac{6}{7} = \boxed{}$ (m²)

答え $\boxed{}$ m²

② 直方体でも、公式にあてはめて体積を求めることができます。

$$\dfrac{3}{4} \times \dfrac{5}{6} \times \dfrac{2}{7} = \boxed{} \ (\text{m}^3)$$

たいせつ

図形の辺の長さが分数で表されていても、整数や小数のときと同じように、公式を使って面積や体積を求めることができます。

答え $\boxed{}$ m³

④ 次の図形の面積や体積を求めましょう。  教科書 64ページ 7 8

① 1辺が$\dfrac{3}{8}$ m の正方形の面積 $()$

② 縦$\dfrac{1}{4}$ m、横$\dfrac{3}{7}$ m、高さ$\dfrac{8}{9}$ m の直方体の体積 $()$

ポイント 分数のかけ算では、帯分数は必ず仮分数で表してから計算しましょう。

分数のかけ算 [その3]

基本のワーク

学習の目標・
計算のきまりや逆数の
求め方について考えよう。

教科書 65〜66ページ 　答え 7ページ

基本 ❶ 分数の計算を、計算のきまりを使って計算することができますか。

☆ くふうして計算しましょう。

① $\left(\dfrac{1}{7}\times\dfrac{4}{5}\right)\times\dfrac{5}{8}$
② $\left(\dfrac{1}{4}+\dfrac{1}{2}\right)\times\dfrac{8}{7}$
③ $\dfrac{7}{5}\times\dfrac{1}{17}+\dfrac{3}{10}\times\dfrac{1}{17}$

とき方 分数についても、整数や小数のときと同じように、計算のきまりが成り立ちます。

① $\left(\dfrac{1}{7}\times\dfrac{4}{5}\right)\times\dfrac{5}{8}=\boxed{}\times\left(\dfrac{4}{5}\times\dfrac{5}{8}\right)=\boxed{}\times\dfrac{1}{2}=\boxed{}$

たいせつ
$a\times b=b\times a$
$(a\times b)\times c=a\times(b\times c)$
$(a+b)\times c=a\times c+b\times c$
$(a-b)\times c=a\times c-b\times c$

答え $\boxed{}$

② $\left(\dfrac{1}{4}+\dfrac{1}{2}\right)\times\dfrac{8}{7}=\boxed{}\times\dfrac{8}{7}+\boxed{}\times\dfrac{8}{7}=\dfrac{2}{7}+\boxed{}=\boxed{}$

答え $\boxed{}$

③ $\dfrac{7}{5}\times\dfrac{1}{17}+\dfrac{3}{10}\times\dfrac{1}{17}=\left(\boxed{}+\boxed{}\right)\times\dfrac{1}{17}=\boxed{}\times\dfrac{1}{17}=\boxed{}$ 答え $\boxed{}$

❶ くふうして計算しましょう。 　📖教科書 65ページ ⑨⑩

① $\left(\dfrac{5}{6}\times\dfrac{8}{9}\right)\times\dfrac{9}{8}$
② $\dfrac{14}{5}\times\left(\dfrac{4}{7}+\dfrac{3}{2}\right)$

③ $\left(\dfrac{3}{8}-\dfrac{1}{10}\right)\times\dfrac{40}{11}$
④ $\dfrac{12}{7}\times\dfrac{9}{13}-\dfrac{5}{7}\times\dfrac{9}{13}$

⑤ $\dfrac{1}{17}\times\dfrac{11}{9}+\dfrac{1}{17}\times\dfrac{2}{3}$

どのきまりを使
えばいいかな。

 計算のきまりで、$a\times b=b\times a$ はかけ算の交換法則、$(a\times b)\times c=a\times(b\times c)$ はかけ算の結合法則、$(a+b)\times c=a\times c+b\times c$ と $(a-b)\times c=a\times c-b\times c$ は分配法則とよばれているよ。

☆ 次の数の逆数を求めましょう。

① $\dfrac{5}{6}$
② $\dfrac{1}{7}$

とき方 $\dfrac{3}{4}$ と $\dfrac{4}{3}$ のように、2つの数の積が1になるとき、

一方の数を他方の数の □ といいます。真分数や仮分数の逆数は、分母と分子を入れかえた分数になります。

たいせつ

$\dfrac{b}{a}$ の逆数は $\dfrac{a}{b}$ $\dfrac{b}{a}$ ✕ $\dfrac{a}{b}$

① $\dfrac{5}{6} \times \dfrac{\square}{\square} = 1$ だから、$\dfrac{5}{6}$ の逆数は □ です。 **答え** □

② $\dfrac{1}{7} \times \square = 1$ だから、$\dfrac{1}{7}$ の逆数は □ です。 **答え** □

$\dfrac{1}{7}$ ✕ $\dfrac{7}{1} = 7$ だね。

2 次の式が成り立つように、□にあてはまる数を書きましょう。 📖 教科書 66ページ⓫

① $\dfrac{4}{5} \times \dfrac{\square}{\square} = 1$
② $\dfrac{15}{2} \times \dfrac{\square}{\square} = 1$

3 次の数の逆数を求めましょう。 📖 教科書 66ページ⓫

① $\dfrac{4}{9}$
② $\dfrac{1}{3}$
③ $1\dfrac{3}{8}$

(   )   (   )   (   )

☆ 次の数の逆数を求めましょう。

① 6
② 0.4

とき方 整数や小数の逆数は、分数で表して求めます。

① $6 = \dfrac{6}{\square}$ だから、$6 \times \dfrac{\square}{\square} = 1$
② $0.4 = \dfrac{4}{\square} = \dfrac{2}{\square}$ だから、$0.4 \times \dfrac{\square}{\square} = 1$
約分する。

答え □   **答え** □

4 次の数の逆数を求めましょう。 📖 教科書 66ページ⓬

① 4
② 1.7
③ 2.5

(   )   (   )   (   )

ポイント 真分数や仮分数の逆数を求めるときは、分母と分子を入れかえます。

練習のワーク①

教科書　56〜69ページ　　答え　7ページ

1 分数のかけ算　計算をしましょう。

① $\dfrac{1}{7} \times \dfrac{5}{6}$

② $\dfrac{2}{5} \times \dfrac{7}{3}$

③ $\dfrac{5}{6} \times \dfrac{2}{3}$

④ $\dfrac{16}{21} \times \dfrac{3}{20}$

⑤ $12 \times \dfrac{5}{8}$

⑥ $68 \times \dfrac{3}{4}$

⑦ $\dfrac{1}{6} \times 2\dfrac{3}{4}$

⑧ $3\dfrac{5}{9} \times 1\dfrac{7}{8}$

⑨ $2.7 \times \dfrac{7}{9}$

⑩ $0.6 \times \dfrac{20}{3}$

⑪ $\left(\dfrac{7}{4} \times \dfrac{5}{18}\right) \times \dfrac{9}{5}$

⑫ $\dfrac{12}{25} \times \left(\dfrac{3}{4} + \dfrac{5}{6}\right)$

2 分数のかけ算の利用　1Lの重さが $\dfrac{4}{5}$ kg の油があります。この油 $3\dfrac{1}{8}$ Lの重さは何kgでしょうか。

式

答え（　　　　　　　　）

3 逆数　次の数の逆数を求めましょう。

① $\dfrac{6}{7}$　　　　　　（　　　　　　）

② $3\dfrac{2}{5}$　　　　　　（　　　　　　）

③ 12　　　　　　（　　　　　　）

④ 0.1　　　　　　（　　　　　　）

1 分数のかけ算

 **たいせつ**

$\dfrac{b}{a} \times \dfrac{d}{c} = \dfrac{b \times d}{a \times c}$

❼❽帯分数を仮分数で表して計算します。

ちゅうい

$\dfrac{1}{6} \times 2\dfrac{3}{4} = \dfrac{1}{6} \times 2\dfrac{3}{4}$

帯分数のまま約分してはいけません。

❾❿小数を分数で表して計算します。

⓫⓬計算のきまりを使って、計算しましょう。

2 文章題

1Lの重さ × 油の量 = 全体の重さ

3 逆数

 **たいせつ**

$\dfrac{b}{a}$ の逆数は、$\dfrac{a}{b}$

できるナビ　計算の途中で約分できるときは、約分してから計算しよう。

できた数

/14問中

練習のワーク②

教科書 56〜69ページ　答え 8ページ

1 分数のかけ算　計算をしましょう。

① $\dfrac{1}{6} \times \dfrac{5}{7}$

② $\dfrac{2}{5} \times \dfrac{7}{9}$

③ $\dfrac{3}{8} \times \dfrac{4}{5}$

④ $\dfrac{8}{15} \times \dfrac{5}{16}$

⑤ $16 \times \dfrac{7}{12}$

⑥ $36 \times \dfrac{2}{9}$

⑦ $2\dfrac{2}{5} \times \dfrac{1}{6}$

⑧ $1\dfrac{2}{7} \times 4\dfrac{2}{3}$

⑨ $0.5 \times \dfrac{2}{5}$

⑩ $3.6 \times \dfrac{5}{8}$

⑪ $\dfrac{3}{4} \times \dfrac{1}{7} \times \dfrac{2}{5}$

⑫ $\dfrac{3}{7} \times \dfrac{1}{12} + \dfrac{4}{7} \times \dfrac{1}{12}$

2 分数のかけ算の利用　1dL あたりで $1\dfrac{3}{5}$ m² のへいをぬれるペンキがあります。このペンキ $3\dfrac{4}{7}$ dL では、何m² のへいをぬれるでしょうか。

式

答え（　　　　　　　　）

3 分数のかけ算の利用　1m が 180 円のテープがあります。このテープ $\dfrac{5}{9}$ m の代金は何円でしょうか。

式

答え（　　　　　　　　）

1 分数のかけ算

③④約分できるときは途中で約分します。

⑤⑥整数を分数になおして計算します。

⑦⑧仮分数になおしてから約分します。

⑫計算のきまりを使って、くふうして計算します。

2 文章題

1dL でぬれる面積 × ペンキの量 = ぬれる面積

3 代金

ヒント

1m が 180 円のテープを 2m 買うとき、代金を求める式は、180×2 です。

計算のきまりを使うと、計算しやすくなるときがあるよ。

❹ 分数のかけ算

まとめのテスト❶

時間 **20** 分

得点

/100点

教科書 56〜69ページ　答え 8ページ

1 よく出る 計算をしましょう。

1つ5〔45点〕

① $\dfrac{5}{6} \times \dfrac{1}{3}$

② $\dfrac{4}{9} \times \dfrac{7}{8}$

③ $\dfrac{15}{28} \times \dfrac{20}{9}$

④ $10 \times \dfrac{11}{18}$

⑤ $1\dfrac{1}{8} \times \dfrac{5}{6}$

⑥ $2\dfrac{7}{10} \times 1\dfrac{2}{3}$

⑦ $3\dfrac{1}{2} \times 4\dfrac{2}{7}$

⑧ $3.5 \times \dfrac{9}{14}$

⑨ $\dfrac{1}{6} \times \dfrac{25}{11} \times \dfrac{8}{15}$

2 次の数の逆数を求めましょう。

1つ5〔15点〕

① $\dfrac{1}{8}$

② 10

③ 4.9

(　　　　　)　　(　　　　　)　　(　　　　　)

3 次の面積や体積を求めましょう。

1つ6〔24点〕

① 縦$\dfrac{3}{4}$cm、横$1\dfrac{5}{9}$cm の長方形の面積

式

答え (　　　　　)

② 右のような直方体の体積

式

$\dfrac{1}{2}$ m

$\dfrac{5}{7}$ m

$1\dfrac{1}{15}$ m

答え (　　　　　)

4 ガソリン1L あたり$\dfrac{25}{2}$km 走る自動車があります。この自動車は、$\dfrac{71}{10}$L のガソリンで何km 走るでしょうか。

1つ8〔16点〕

式

答え (　　　　　)

26

□ 分数×分数の計算はできたかな？
□ 逆数を求めることはできたかな？

まとめのテスト②

得点

/100点

1 よく出る 計算をしましょう。 1つ5〔45点〕

① $\dfrac{3}{7} \times \dfrac{1}{4}$

② $\dfrac{5}{8} \times \dfrac{2}{3}$

③ $\dfrac{21}{20} \times \dfrac{15}{14}$

④ $4 \times \dfrac{5}{12}$

⑤ $6 \times 1\dfrac{2}{9}$

⑥ $1\dfrac{3}{7} \times 2\dfrac{1}{10}$

⑦ $4.2 \times \dfrac{5}{6}$

⑧ $\dfrac{5}{12} \times \dfrac{3}{10} \times \dfrac{2}{7}$

⑨ $\dfrac{10}{3} \times \dfrac{21}{5} \times \dfrac{9}{14}$

2 次の□にあてはまる数を書きましょう。 1つ5〔10点〕

① $\left(\dfrac{1}{4} \times \dfrac{3}{10}\right) \times \dfrac{5}{6} = \dfrac{1}{4} \times \left(\dfrac{3}{10} \times \boxed{}\right)$

② $\dfrac{2}{3} \times \dfrac{3}{7} - \dfrac{5}{9} \times \dfrac{3}{7} = \left(\boxed{} - \boxed{}\right) \times \dfrac{3}{7}$

3 次の数の逆数を求めましょう。 1つ5〔15点〕

① $\dfrac{7}{13}$

② $2\dfrac{1}{2}$

③ 0.8

( ) ( ) ( )

4 1Lの水で $\dfrac{5}{8}$kg の米をたくことができます。$2\dfrac{2}{7}$L の水では何kgの米をたくことができるでしょうか。 1つ8〔16点〕

式

答え ( )

5 右の平行四辺形の面積を求めましょう。 1つ7〔14点〕

式

$1\dfrac{3}{4}$m

$1\dfrac{1}{6}$m

$2\dfrac{2}{3}$m

答え ( )

 チェック ✓
□ 分数のかけ算の約分のしかたがわかったかな?
□ 分数のかけ算の文章題が解けたかな?

ふろくの「計算練習ノート」5〜9ページをやろう!

⑤ 分数のわり算

分数のわり算 [その1]

基本のワーク

学習の目標・
分数÷分数の計算の
しかたを考え、計算で
きるようになろう。

教科書 70〜76ページ　　答え 9 ページ

基本 ❶ 分数 ÷ 分数の計算ができますか。（1）

☆ $\frac{1}{3}$ m の重さが $\frac{3}{4}$ kg の棒があります。この棒 1m の重さは、何kg になるでしょうか。

とき方

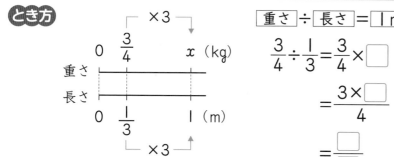

重さ ÷ 長さ ＝ 1m の重さ に数をあてはめます。

$$\frac{3}{4} \div \frac{1}{3} = \frac{3}{4} \times \boxed{}$$

$$= \frac{3 \times \boxed{}}{4}$$

$$= \frac{\boxed{}}{\boxed{}}$$

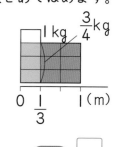

長さが3倍になるから、重さ
も3倍すればいいね。

答え $\boxed{}$ kg

---

❶ $\frac{1}{5}$ m の重さが $\frac{2}{3}$ kg のロープがあります。このロープ 1m の重さは何 kg でしょうか。

式

 教科書 70ページ❶

答え（　　　　　　　　）

基本 ❷ 分数 ÷ 分数の計算ができますか。（2）

☆ $\frac{2}{3}$ m の重さが $\frac{3}{4}$ kg の棒があります。この棒 1m の重さは、何kg になるでしょうか。

とき方

$\frac{1}{3}$ m の重さを求めて、それを 3 倍します。

$$\frac{3}{4} \div \frac{2}{3} = \left(\frac{3}{4} \div 2\right) \times \boxed{}$$

$$= \frac{3}{4 \times 2} \times \boxed{}$$ $\frac{1}{3}$ m の重さ

$$= \frac{3 \times \boxed{}}{4 \times 2}$$

$$= \frac{\boxed{}}{\boxed{}}$$

たいせつ

分数を分数でわる計算では、わる数の逆数を
かけます。$\frac{b}{a} \div \frac{d}{c} = \frac{b}{a} \times \frac{c}{d}$

答え $\boxed{}$ kg

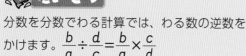   日本では、わり算の記号として「÷」が使われているけれど、国によっては「：」や「/」が使われているんだって。

2 計算をしましょう。

① $\dfrac{3}{8} \div \dfrac{2}{5}$　　　② $\dfrac{3}{4} \div \dfrac{8}{5}$

わる数を逆数にしてかけるんだよ。

③ $\dfrac{5}{6} \div \dfrac{2}{7}$　　　④ $\dfrac{4}{7} \div \dfrac{5}{3}$　　　⑤ $\dfrac{5}{9} \div \dfrac{7}{2}$

基本 3 約分できる分数のわり算ができますか。

☆ $\dfrac{5}{6} \div \dfrac{10}{9}$ の計算をしましょう。

とき方 計算の途中で約分できるときは、約分してから計算します。

$$\dfrac{5}{6} \div \dfrac{10}{9} = \dfrac{5}{6} \times \dfrac{9}{10} = \dfrac{5 \times \overset{\scriptsize 1\ \square}{9}}{\underset{2\quad 2}{6 \times 10}} = \dfrac{\square}{\square}$$

答え $\square$

3 計算をしましょう。

① $\dfrac{2}{3} \div \dfrac{5}{6}$　　　② $\dfrac{4}{5} \div \dfrac{6}{7}$　　　③ $\dfrac{7}{12} \div \dfrac{3}{8}$

④ $\dfrac{12}{7} \div \dfrac{15}{14}$　　　⑤ $\dfrac{4}{15} \div \dfrac{12}{25}$　　　⑥ $\dfrac{9}{10} \div \dfrac{3}{8}$

⑦ $\dfrac{10}{3} \div \dfrac{8}{21}$　　　⑧ $\dfrac{15}{8} \div \dfrac{5}{16}$　　　⑨ $\dfrac{22}{3} \div \dfrac{11}{9}$

ポイント 分数でわる計算は逆数をかける形になおしてから約分します。÷の形のままで約分しないようにしましょう。

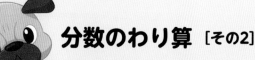

分数のわり算 [その2]

基本のワーク

教科書 76〜77ページ　　答え 9ページ

基本 1 整数 ÷ 分数の計算ができますか。

☆ $7 \div \dfrac{3}{5}$ の計算をしましょう。

とき方 整数は、分母が 1 の分数になおして計算します。

$$7 \div \dfrac{3}{5} = \dfrac{\boxed{}}{1} \div \dfrac{3}{5} = \dfrac{\boxed{} \times 5}{1 \times 3} = \dfrac{\boxed{}}{\boxed{}}$$

答え □

1 計算をしましょう。

📖 教科書 76ページ 4

① $3 \div \dfrac{4}{9}$

② $8 \div \dfrac{10}{11}$

③ $12 \div \dfrac{4}{7}$

④ $14 \div \dfrac{7}{9}$

⑤ $3\dfrac{1}{3} \div \dfrac{5}{6}$

⑥ $1\dfrac{3}{7} \div \dfrac{4}{7}$

⑦ $2\dfrac{2}{3} \div \dfrac{8}{9}$

⑧ $5 \div 2\dfrac{7}{9}$

⑨ $4\dfrac{1}{6} \div 3\dfrac{3}{4}$

基本 2 小数 ÷ 分数の計算ができますか。

☆ $0.3 \div \dfrac{2}{7}$ の計算をしましょう。

とき方 小数は、分数になおして計算します。

$$0.3 \div \dfrac{2}{7} = \dfrac{3}{\boxed{}} \div \dfrac{2}{7} = \dfrac{3 \times 7}{\boxed{} \times 2} = \dfrac{\boxed{}}{\boxed{}}$$

答え □

さんすうはかせ 分数のかけ算では、分母どうし、分子どうしをかけるね。じつはわり算も、同じように分母どうし、分子どうしをわっても正しい答えになるんだ。わりきれる数でやってみよう。

2 計算をしましょう。　　　　　　　　　　　　　　　📖教科書 77ページ⑤

① $0.9 \div \dfrac{2}{3}$　　　② $0.7 \div \dfrac{3}{5}$　　　③ $0.3 \div \dfrac{15}{2}$

④ $1.4 \div \dfrac{7}{9}$　　　⑤ $1.8 \div \dfrac{3}{10}$　　　⑥ $3.6 \div \dfrac{9}{5}$

基本③ 3つの分数のかけ算、わり算ができますか。

☆ $\dfrac{2}{3} \times \dfrac{5}{4} \div \dfrac{3}{5}$ の計算をしましょう。

とき方 分数のかけ算とわり算がまじった式は、逆数を使ってかけ算の式になおします。

$$\dfrac{2}{3} \times \dfrac{5}{4} \div \dfrac{3}{5} = \dfrac{2}{3} \times \dfrac{5}{4} \times \dfrac{\boxed{}}{\boxed{}} = \dfrac{\overset{1}{2} \times 5 \times 5}{3 \times \underset{2}{4} \times 3} = \dfrac{\boxed{}}{\boxed{}}$$

 答え $\boxed{}$

3 計算をしましょう。　　　　　　　　　　　　　　　📖教科書 77ページ⑥

① $\dfrac{3}{7} \times \dfrac{7}{5} \div \dfrac{3}{4}$　　　　　② $\dfrac{9}{10} \times \dfrac{5}{7} \div \dfrac{3}{8}$

③ $\dfrac{3}{16} \times \dfrac{14}{9} \div \dfrac{21}{8}$　　　　　④ $\dfrac{5}{12} \div \dfrac{10}{3} \times \dfrac{3}{5}$

⑤ $\dfrac{7}{22} \div \dfrac{6}{11} \times \dfrac{9}{14}$　　　　　⑥ $\dfrac{6}{7} \div \dfrac{5}{18} \times \dfrac{5}{16}$

⑦ $\dfrac{1}{36} \div \dfrac{1}{6} \div \dfrac{1}{2}$　　　　　⑧ $\dfrac{5}{3} \div \dfrac{8}{9} \div \dfrac{15}{16}$

⑨ $\dfrac{9}{8} \div \dfrac{3}{11} \div \dfrac{11}{16}$　　　　　⑩ $\dfrac{5}{12} \div \dfrac{10}{9} \div \dfrac{3}{8}$

ポイント　3つの分数のかけ算、わり算では、かける数が多くなるので、約分のし忘れに注意しましょう。

⑤ 分数のわり算

学習の目標・
整数、小数、分数がまじったかけ算、わり算を練習しよう。

分数のわり算 [その3]

教科書	78〜79ページ
答え	10ページ

基本 ① 整数、小数、分数のまじったかけ算、わり算ができますか。

☆ $7 \times \dfrac{4}{5} \div 4.9$ の計算をしましょう。

とき方 整数、小数、分数のまじったかけ算、わり算は、分数のかけ算になおして計算します。

$$7 \times \frac{4}{5} \div 4.9 = \frac{7}{\square} \times \frac{4}{5} \div \frac{49}{\square}$$ ←整数、小数を分数になおす

$$= \frac{7}{\square} \times \frac{4}{5} \times \frac{\square}{49}$$ ←わり算をかけ算になおす

$$= \frac{7 \times 4 \times \overset{2}{\cancel{10}}}{\underset{1}{\cancel{1}} \times 5 \times 49}$$ ←約分する

$$= \frac{\square}{\square}$$

答え $\boxed{}$

さんこう
分数を小数になおして
計算すると、
$$\frac{4}{5} = 4 \div 5 = 0.8$$
だから、
$$7 \times \frac{4}{5} \div 4.9 = 7 \times 0.8 \div 4.9$$
$$= 5.6 \div 4.9$$
$$= 1.14\cdots$$
と、答えはわりきれません。

① 分数のかけ算になおして計算しましょう。

📖 教科書 78ページ 7 8

① $\dfrac{6}{7} \times 2 \div 0.6$

② $9 \div \dfrac{3}{5} \times 1.1$

③ $1.2 \div 2.3 \div \dfrac{4}{5}$

④ $\dfrac{7}{25} \div 0.41 \times \dfrac{82}{7}$

⑤ $36 \div 4.2 \div 5.4$

整数は分母が1の分数、$\dfrac{1}{10}$ の位の小数は分母が10の分数になおせるね。

 $\dfrac{4}{3} = 1.333\cdots$ や、$\dfrac{2}{11} = 0.1818\cdots$ のように同じ数字がくり返し続く数を小数で表すとき、$1.\dot{3}$、$0.\dot{1}\dot{8}$ のように、くり返す数字の上に・をつけて表すことがあるよ。

例 積、または商が 18 より大きくなる式はどちらでしょうか。

　　⑤　18×0.2　　　⑥　18÷0.2

考え方 1 より小さい小数をかけると、積はかけられる数よりも小さくなります。18×0.2＜18

　　また、1 より小さい小数でわると、商はわられる数よりも大きくなります。18÷0.2＞18

　　したがって、18 より大きくなるのは⑥です。

答え ⑥

問題 次の式の □ にあてはまる不等号を書きましょう。

❶　24×0.6 □ 24

❷　24÷0.6 □ 24

基本2 「積の大きさ、商の大きさ」ともとの数の大きさとの大小関係がわかりますか。

☆ 次の□には、それぞれ $\frac{3}{4}$ と $\frac{4}{3}$ のどちらがあてはまるでしょうか。

❶ 12× □ ＞12　❷ 12× □ ＜12　❸ 12÷ □ ＞12　❹ 12÷ □ ＜12

とき方 1 より小さい分数をかけると、積はかけられる数よりも □ なります。

1 より小さい分数でわると、商はわられる数よりも □ なります。

答え ❶ □　　❷ □　　❸ □　　❹ □

2 次の式で、a は 0 でない同じ数を表しています。

📖教科書 79ページ9

　⑤ $a×\frac{7}{8}$　　　⑥ $a×\frac{6}{5}$　　　⑦ $a÷\frac{8}{9}$　　　⑧ $a÷\frac{5}{4}$

❶ 積がかけられる数よりも小さくなる式はどれでしょうか。

（　　　　　　　　）

❷ 商がわられる数よりも大きくなる式はどれでしょうか。

（　　　　　　　　）

かける数、わる数が、1 より大きいか小さいかだけ見ればいいんだね。

ポイント 1 より小さい分数でわるわり算は、逆数を使うと、1 より大きい分数をかけるかけ算になります。

分数のわり算 [その4]

基本のワーク

基本 1　分数で表された量の割合を求めることができますか。

☆ $\frac{5}{8}$ m のテープ㋐と、$\frac{3}{8}$ m のテープ㋑があります。㋑の長さは、㋐の長さの何倍でしょうか。

とき方　求める数を x として、数直線に表すと下のようになります。

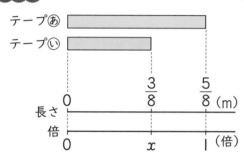

㋐の長さを 1 とみたとき、㋑の長さがどれだけにあたるかを求めます。

割合＝比かく量÷もとにする量

だから、

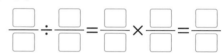

$$\frac{\Box}{\Box} \div \frac{\Box}{\Box} = \frac{\Box}{\Box} \times \frac{\Box}{\Box} = \frac{\Box}{\Box}$$

答え $\Box$ 倍

1 縦が $\frac{7}{6}$ m、横が $\frac{8}{3}$ m の長方形の紙があります。縦の長さは、横の長さの何倍でしょうか。

式　　　　　　　　　　　　　　　　　　　📖 教科書 80ページ🔟

答え（　　　　　　　）

2 とり肉が $1\frac{1}{2}$ kg、牛肉が $\frac{9}{7}$ kg あります。牛肉の重さは、とり肉の重さの何倍でしょうか。

式　　　　　　　　　　　　　　　　　　　📖 教科書 80ページ🔟

答え（　　　　　　　）

基本 2　比かく量を求めることができますか。

☆ $1\frac{3}{4}$ L ある牛乳のうち、$\frac{2}{5}$ を飲みました。飲んだのは何 L でしょうか。

とき方　求める数を x として、数直線に表すと下のようになります。

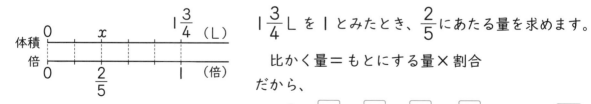

$1\frac{3}{4}$ L を 1 とみたとき、$\frac{2}{5}$ にあたる量を求めます。

比かく量＝もとにする量×割合

だから、

$$1\frac{3}{4} \times \frac{\Box}{\Box} = \frac{\Box}{\Box} \times \frac{\Box}{\Box} = \frac{\Box}{\Box}$$

答え $\Box$ L

さんすうはかせ　人の体の水分の割合は体重の約 $\frac{2}{3}$ なんだって。みんなの体の水分は何 kg くらいかな。

3 $3\dfrac{3}{4}$ m² の花だんの $\dfrac{3}{10}$ に花のなえを植えました。なえを植えた部分の面積を求めましょう。

式

📖 教科書 81ページ⓫

答え（　　　　　　　）

4 家から学校までの道のりは、家から公園までの道のりの $\dfrac{7}{6}$ にあたります。家から公園までの道のりは 1200m です。家から学校までの道のりは何m でしょうか。

式

📖 教科書 81ページ⓫

答え（　　　　　　　）

基本 **3** もとにする量を求めることができますか。

☆ $\dfrac{15}{4}$ kg の米を米びつに入れました。これは、買った米の重さの $\dfrac{3}{4}$ にあたります。買った米は、全部で何 kg でしょうか。

とき方　求める数を x として、数直線に表すと下のようになります。

重さ　0　　　$\dfrac{15}{4}$　x（kg）

倍　　0　　　$\dfrac{3}{4}$　1　（倍）

$\dfrac{15}{4}$ kg を $\dfrac{3}{4}$ とみて、もとにする量（1 にあたる量）を求めます。かけ算の式に表すと、

$$x \times \dfrac{\square}{\square} = \dfrac{\square}{\square}$$

$$x = \dfrac{\square}{\square} \div \dfrac{\square}{\square}$$

$$x = \square$$

もとにする量
＝比かく量÷割合
だね。

答え $\square$ kg

5 花だんの $\dfrac{3}{2}$ m² に肥料をまきました。これは、花だん全体の $\dfrac{2}{5}$ の面積です。花だん全体の面積は何m² でしょうか。

式

📖 教科書 82ページ⓬

答え（　　　　　　　）

6 ショートケーキの値段は 400 円です。これは、シュークリームの値段の $\dfrac{5}{4}$ にあたります。シュークリームの値段は何円でしょうか。

式

📖 教科書 82ページ⓬

答え（　　　　　　　）

ポイント　割合＝比かく量÷もとにする量、比かく量＝もとにする量×割合
もとにする量を求めるときは、x を使ってかけ算の式に表しましょう。

35

⑤ 分数のわり算

練習のワーク①

| 教科書 | 70〜84ページ | 答え | 11ページ |

できた数

／12問中

1 分数のわり算 計算をしましょう。

① $\dfrac{2}{9} \div \dfrac{1}{4}$

② $\dfrac{3}{7} \div \dfrac{8}{5}$

③ $\dfrac{4}{11} \div \dfrac{4}{7}$

④ $\dfrac{2}{3} \div \dfrac{16}{15}$

⑤ $20 \div \dfrac{8}{9}$

⑥ $1\dfrac{1}{8} \div 1\dfrac{5}{6}$

⑦ $2\dfrac{1}{10} \div 3\dfrac{3}{5}$

⑧ $0.6 \div \dfrac{3}{14}$

⑨ $\dfrac{7}{2} \div \dfrac{28}{11} \times \dfrac{10}{9}$

⑩ $6 \times \dfrac{5}{4} \div 4.2$

1 分数÷分数

たいせつ

$$\dfrac{b}{a} \div \dfrac{d}{c} = \dfrac{b}{a} \times \dfrac{c}{d}$$

⑤ 整数を分数になおして計算します。

⑥⑦ 帯分数を仮分数になおして計算します。

⑧ 小数を分数になおして計算します。

⑨⑩ 分数のかけ算になおして計算します。

2 分数のわり算の利用 $\dfrac{5}{6}$ m の重さが $\dfrac{5}{9}$ kg の棒があります。この棒 1m の重さは何 kg でしょうか。

式

答え（　　　　　　）

2 文章題

全体の重さ ÷ 長さ = 1mの重さ

3 分数と割合 赤えんぴつの長さは $12\dfrac{1}{2}$ cm、青えんぴつの長さは $8\dfrac{3}{4}$ cm です。青えんぴつの長さは、赤えんぴつの長さの何倍でしょうか。

式

答え（　　　　　　）

3 割合

割合 = 比かく量 ÷ もとにする量

できるナビ 整数、小数、分数がまじっているときは、整数や小数を分数になおして計算しよう。

教科書 70〜84ページ 答え 11ページ

1 分数のわり算 計算をしましょう。

① $\dfrac{3}{5} \div \dfrac{1}{8}$

② $\dfrac{5}{6} \div \dfrac{4}{3}$

③ $14 \div \dfrac{21}{5}$

④ $6 \div \dfrac{3}{4}$

⑤ $2\dfrac{1}{3} \div 1\dfrac{3}{4}$

⑥ $8\dfrac{1}{6} \div 2\dfrac{1}{3}$

⑦ $3.5 \div \dfrac{7}{3}$

⑧ $4.8 \div \dfrac{6}{5}$

⑨ $\dfrac{5}{6} \div \dfrac{3}{8} \div \dfrac{5}{9}$

⑩ $9 \div 0.45 \times \dfrac{11}{25}$

2 分数と割合① $5\dfrac{1}{4}$ m² の板の $\dfrac{4}{9}$ にあたる面積にペンキをぬりました。

ペンキをぬった板の面積は何 m² でしょうか。

式

答え（　　　　　　　）

3 分数と割合② 駅から郵便局までの道のりは 900 m です。これは、駅

から図書館までの道のりの $\dfrac{3}{11}$ にあたります。駅から図書館までの道

のりは何 m でしょうか。

式

答え（　　　　　　　）

1 分数÷分数

②

ちゅうい

$\dfrac{5}{6} \div \dfrac{4}{3} = \dfrac{5}{\underset{3}{\cancel{6}}} \times \dfrac{\overset{2}{\cancel{4}}}{3}$

÷ の形のままで約分してはいけません。逆数をかける形になおしてから約分します。

⑦⑧ 小数を分数になおして計算します。

⑨⑩ 分数のかけ算になおして計算します。

2 比かく量
比かく量
＝もとにする量×割合

3 もとにする量

ヒント

求める数を x として、かけ算の式に表してもよいでしょう。

できるナビ 割合で、もとにする量は、次の式で直接求めることもできるよ。
もとにする量＝比かく量÷割合

まとめのテスト❶

勉強した日 〉　月　日

時間 **20** 分

得点

/100点

教科書 70〜84ページ　答え 12ページ

1 よく出る　計算をしましょう。　　　　　　　　　　　　　　　　1つ6〔54点〕

① $\dfrac{3}{8} \div \dfrac{1}{5}$

② $\dfrac{1}{9} \div \dfrac{3}{7}$

③ $\dfrac{5}{16} \div \dfrac{15}{4}$

④ $12 \div \dfrac{3}{2}$

⑤ $\dfrac{5}{6} \div 1\dfrac{2}{5}$

⑥ $2\dfrac{4}{5} \div 2\dfrac{2}{3}$

⑦ $4\dfrac{3}{8} \div 2\dfrac{1}{10}$

⑧ $2.7 \div \dfrac{9}{5}$

⑨ $\dfrac{5}{12} \times \dfrac{16}{9} \div \dfrac{5}{6}$

2 積がかけられる数よりも小さくなる式はどれでしょうか。また、商がわられる数よりも大きくなる式はどれでしょうか。
　　　　　　　　　　　　　　　　　　　　　　　　　　　　　　　　1つ7〔14点〕

　　あ $\dfrac{1}{10} \times \dfrac{5}{2}$　　　い $\dfrac{3}{4} \times \dfrac{2}{3}$　　　う $\dfrac{5}{4} \div \dfrac{7}{6}$　　　え $\dfrac{1}{8} \div \dfrac{1}{9}$

積がかけられる数よりも小さくなる式（　　　　　　）
商がわられる数よりも大きくなる式（　　　　　　）

3 国語辞典の重さは $\dfrac{14}{5}$ kg、写真集の重さは $\dfrac{7}{4}$ kg です。写真集の重さは、国語辞典の重さの何倍でしょうか。
　　　　　　　　　　　　　　　　　　　　　　　　　　　　　　　　1つ8〔16点〕
式

答え（　　　　　　　　）

4 ゆうたさんは、家からとなり町まで 2700 m の道のりの $\dfrac{4}{9}$ を走り、残りを歩きました。歩いた道のりは何 m でしょうか。
　　　　　　　　　　　　　　　　　　　　　　　　　　　　　　　　1つ8〔16点〕
式

答え（　　　　　　　　）

□ 分数のわり算ができたかな？
□ 分数のわり算を使った文章題が解けたかな？

まとめのテスト❷

時間 **20**分

得点 /100点

教科書 70〜84ページ 答え 12ページ

1 よく出る 計算をしましょう。 1つ6〔54点〕

① $\dfrac{1}{5} \div \dfrac{1}{10}$

② $\dfrac{6}{5} \div \dfrac{8}{7}$

③ $\dfrac{16}{27} \div \dfrac{20}{9}$

④ $63 \div \dfrac{9}{4}$

⑤ $\dfrac{6}{7} \div 4\dfrac{1}{2}$

⑥ $3\dfrac{1}{8} \div 1\dfrac{2}{3}$

⑦ $2\dfrac{3}{4} \div 1\dfrac{5}{6}$

⑧ $1.6 \div \dfrac{24}{35}$

⑨ $\dfrac{3}{7} \div \dfrac{5}{21} \div \dfrac{9}{20}$

2 $4\dfrac{1}{6}$ L の重さが $3\dfrac{3}{4}$ kg の油があります。この油 1 L の重さは何kgでしょうか。 1つ7〔14点〕

式

答え（ 　　　　　　 ）

3 水そうに $2\dfrac{2}{5}$ L の水を入れました。これは、この水そうに入る水の体積の $\dfrac{3}{8}$ にあたります。

この水そうには、全部で何 L の水が入るでしょうか。 1つ8〔16点〕

式

答え（ 　　　　　　 ）

4 あるプールの利用料金は 300 円です。来月から今の利用料金の $\dfrac{1}{15}$ だけ値上がりするそうです。来月から利用料金は何円になるでしょうか。 1つ8〔16点〕

式

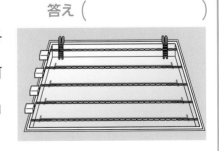

答え（ 　　　　　　 ）

ふろくの「計算練習ノート」10〜16ページをやろう！

□ 分数のわり算の計算で約分することができたかな？
□ 整数や小数がまじった分数のわり算ができたかな？

データの見方 [その1]

基本のワーク

教科書 88〜92ページ　　答え 13ページ

基本 1 ドットプロットに表して、散らばりの様子を調べることができますか。

☆ 下の表は、A舎とB舎のにわとりが、ある日に産んだ卵の重さを調べたものです。

卵の重さ(A舎)

番号	重さ(g)	番号	重さ(g)
①	54	13	56
②	67	14	68
③	60	15	50
④	56	16	62
⑤	60	17	70
⑥	48	18	61
⑦	71	19	58
⑧	62	20	56
⑨	62	21	61
⑩	62	22	53
⑪	63	23	62
⑫	66	24	64

卵の重さ(B舎)

番号	重さ(g)	番号	重さ(g)
①	54	13	54
②	59	14	59
③	64	15	69
④	47	16	49
⑤	68	17	71
⑥	60	18	68
⑦	58	19	64
⑧	74	20	56
⑨	53	21	67
⑩	65	22	66
⑪	59	23	65
⑫	57		

① どちらの卵が重いといえるでしょうか。平均値で比べましょう。

② A舎の①〜24までの重さを数直線に表します。下の図は、①〜⑩までかき入れたところです。続きをかき入れて、図を完成させましょう。

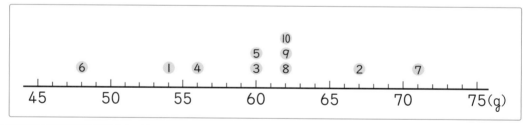

とき方

① 重さの合計は、A舎が1452g、B舎が1406gです。平均値は、A舎が、1452÷24＝ _____ 、B舎が、1406÷23＝61.13…
→ _____ 舎の卵のほうが重いといえます。

答え _____ 舎の卵のほうが重い。

たいせつ
すべてのデータの合計を求めて、データの個数でわった平均の値を、平均値といいます。

② 1つ1つのデータを点で表して、数直線のめもりに合わせて並べた図を、ドットプロットといいます。

答え 問題の図に記入

1 **基本1**のB舎の卵の重さをドットプロットに表しましょう。

教科書 91ページ②

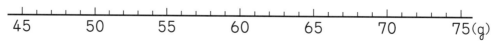

さんすうはかせ　平均値が同じでも、データの散らばりぐあいがちがうと、全体の様子もちがってくるよ。データの散らばりについては、中学校でもっとくわしく勉強するよ。

☆ 40ページの 基本**1** のデータを見て、次の問題に答えましょう。

❶ A舎の卵の重さの最ひん値は何gでしょうか。

❷ A舎の卵の重さの中央値は何gでしょうか。

とき方

データ全体の特ちょうを代表する値を、**代表値**といいます。

❶ 最ひん値は、データの中で最も多く出てくる値のことです。

基本**1** のドットプロットを見ると、A舎で最も多く出てくる卵の重さは、5個ある ☐ gとわかります。

答え ☐ g

❷ 中央値は、データを大きさの順に並べたとき、中央にある値のことです。

データの個数が奇数のときは、ちょうどまん中になる値が中央値になります。

データの個数が偶数のときは、ちょうどまん中になる値が2個になるので、その2個の値の平均値が中央値になります。

A舎の卵の重さの値を小さい順に並べると、下のようになります。

48、50、53、54、56、56、56、58、60、60、61、61、62、62、62、62、62、63、64、66、67、68、70、71

A舎は卵が ☐ 個あるので、重さが軽いほうから数えて ☐ 番目と13番目の重さの平均値が中央値になります。12番目は ☐ g、13番目は ☐ gなので、中央値は、

(☐ +62)÷2＝ ☐ (g)です。

答え ☐ g

2 40ページの 基本**1** のデータについて、次の問題に答えましょう。 📖教科書 91ページ**2**

❶ B舎の卵の重さの最ひん値は何gでしょうか。

(　　　　　　　)

❷ B舎の卵の重さの中央値は何gでしょうか。

(　　　　　　　)

❸ A舎とB舎の平均値、最ひん値、中央値を右の表にまとめましょう。わりきれないときは、それぞれ小数第二位を四捨五入して、小数第一位までの概数で求めましょう。

	A舎	B舎
平均値（g）	60.5	
最ひん値（g）	62	
中央値（g）	61.5	

ポイント 散らばりの様子がちがうと、平均値が同じでも、最ひん値や中央値がちがうこともあります。

データの見方 ［その2］

基本のワーク

教科書　93〜94ページ　　答え　13ページ

基本 ❶ 散らばりの様子を度数分布表に表すことができますか。

☆ 40ページの 基本❶ のA舎の卵の重さについて、次の問題に答えましょう。

❶ A舎の卵の重さを、右の度数分布表にまとめましょう。

❷ 最も度数が多いのは何g以上何g未満の階級でしょうか。

❸ 60g以上の卵は何個あるでしょうか。また、それはA舎の卵全体の約何%でしょうか、四捨五入して、整数で答えましょう。

卵の重さ(A舎)

重さ(g)	個数(個)
以上　　未満 45 〜 50	
50 〜 55	
55 〜 60	
60 〜 65	
65 〜 70	
70 〜 75	
合　計	

とき方 ❶ 上のように、データをいくつかの区間に区切って整理した表を ☐ といいます。その区間のことを**階級**といいます。上の表では、階級を5gごとに区切っています。それぞれの階級に入るデータの個数を**度数**といいます。

答え 問題の図に記入

❷ 表より、度数が最も多い階級は ☐ g以上 ☐ g未満の階級とわかります。

答え ☐ g以上 ☐ g未満の階級

❸ 60g以上65g未満の階級の度数と65g以上70g未満の階級の度数と70g以上75g未満の階級の度数の和は、11+☐+☐=☐（個）なので、求める割合は、

☐ ÷24×100＝66.6…

答え 個数 ☐ 個　　割合 約 ☐ %

❶ 40ページの 基本❶ のB舎の卵の重さについて、次の問題に答えましょう。

📖 教科書 93ページ❸

❶ B舎の卵の重さを、右の度数分布表にまとめましょう。

卵の重さ(B舎)

重さ(g)	個数(個)
以上　　未満 45 〜 50	
50 〜 55	
55 〜 60	
60 〜 65	
65 〜 70	
70 〜 75	
合　計	

❷ 重いほうから数えて4番目の卵は、どの階級に入っているでしょうか。

(　　　　　　　　　　　)

❸ 60g以上の卵はB舎の卵全体の約何%でしょうか。四捨五入して、整数で答えましょう。

(　　　　　　　　　　　)

 さんすうはかせ 柱状グラフのことをヒストグラムともいうよ。ヒストグラムはギリシャ語のヒストス（すべてのものを直立にする）とグラマ（かいたり、記録したりする）を合わせたものだよ。

☆ 42ページの 基本1 の度数分布表を見て、次の問題に答えましょう。

① A舎の卵の重さを右の柱状グラフに表しましょう。

② 平均値(へいきんち)はどの階級に入るでしょうか。

③ 41ページで求めた最ひん値、中央値はそれぞれどの階級に入るでしょうか。

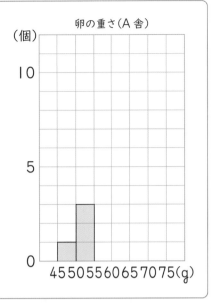

卵の重さ(A舎)

とき方

① 右上のようなグラフを [   ] といいます。区切った範囲(はんい)が横、個数が縦(たて)の値(あたい)で表す長方形をかいていきます。　答え [問題の図に記入]

② 平均値が60.5gだったので、平均値の入る階級は、[   ]g以上[   ]g未満の階級とわかります。

答え [   ]g以上[   ]g未満の階級

③ 最ひん値は62gなので、[   ]g以上[   ]g未満の階級に入ります。

また、中央値は61.5gなので、[   ]g以上[   ]g未満の階級に入ります。

答え 最ひん値[   ]g以上[   ]g未満の階級　中央値[   ]g以上[   ]g未満の階級

② 42ページの①の度数分布表を見て、次の問題に答えましょう。　📖教科書 94ページ4

① B舎の卵の重さを右の柱状グラフに表しましょう。

卵の重さ(B舎)

② 平均値はどの階級に入るでしょうか。

(   )

③ 最ひん値、中央値はそれぞれどの階級に入るでしょうか。

最ひん値 (   )　中央値 (   )

ポイント ○以上は、○と等しいか、それよりも大きい数を表して、□未満は、□よりも小さく、□は入らない数を表します。まちがえないようにしっかり覚えておきましょう。

データの見方 [その3]

基本のワーク

学習の目標・
散らばりの特ちょうを
いろいろな方法で調べ
られるようになろう。

教科書 95〜103ページ 答え 13ページ

基本 ① 散らばりの特ちょうをいろいろな方法で調べることができますか。

☆ 下の表は、ある学校の6年1組と6年2組のソフトボール投げの記録を調べたものです。

ソフトボール投げの記録（1組）

番号	きょり(m)	番号	きょり(m)
1	28	13	14
2	22	14	24
3	31	15	19
4	33	16	24
5	12	17	29
6	40	18	15
7	22	19	36
8	22	20	19
9	26	21	30
10	43	22	34
11	37	23	22
12	29		

ソフトボール投げの記録（2組）

番号	きょり(m)	番号	きょり(m)
1	20	13	18
2	16	14	16
3	27	15	27
4	33	16	13
5	17	17	27
6	17	18	18
7	23	19	35
8	16	20	22
9	35	21	14
10	27	22	44
11	38	23	22
12	29	24	14

それぞれの組のデータを、ドットプロットに表しましょう。

1組

```
10    15    20    25    30    35    40    45(m)
```

2組

```
10    15    20    25    30    35    40    45(m)
```

とき方 それぞれのきょりを数直線に表します。

答え 問題の図に記入

---

① 上の **基本 ①** について、次の問題に答えましょう。 教科書 95ページ 5

① それぞれの平均値、中央値、最ひん値を答えましょう。平均値は四捨五入して、小数第一位までの概数で答えましょう。

1組…平均値（　　　　　） 最ひん値（　　　　　） 中央値（　　　　　）

2組…平均値（　　　　　） 最ひん値（　　　　　） 中央値（　　　　　）

② 上の表を右の度数分布表にまとめましょう。

ソフトボール投げの記録

きょり(m)	人数(人)	
	1組	2組
以上 未満 10〜15		
15〜20		
20〜25		
25〜30		
30〜35		
35〜40		
40〜45		
合 計		

さんすうはかせ 少子高齢化が進んでいる日本の人口ピラミッドは、「富士山型」から「つりがね型」に変化していて、将来は「つぼ型」に変化するといわれているよ。

☆ 下のグラフは、新潟県の年令別の人口を表したものです。2000 年と 2020 年で、男女を合わせた人口がいちばん多いのは、それぞれ何才以上何才未満の区間でしょうか。

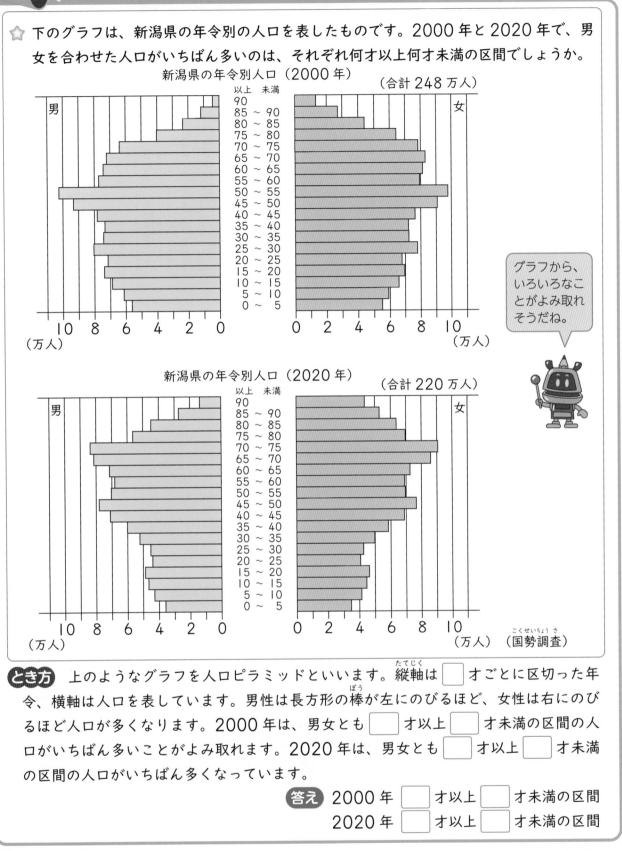

新潟県の年令別人口（2000 年）　（合計 248 万人）

新潟県の年令別人口（2020 年）　（合計 220 万人）

（国勢調査）

グラフから、いろいろなことがよみ取れそうだね。

とき方 上のようなグラフを人口ピラミッドといいます。縦軸は □ 才ごとに区切った年令、横軸は人口を表しています。男性は長方形の棒が左にのびるほど、女性は右にのびるほど人口が多くなります。2000 年は、男女とも □ 才以上 □ 才未満の区間の人口がいちばん多いことがよみ取れます。2020 年は、男女とも □ 才以上 □ 才未満の区間の人口がいちばん多くなっています。

答え 2000 年 □ 才以上 □ 才未満の区間
2020 年 □ 才以上 □ 才未満の区間

2 上の 基本 2 で、2020 年の新潟県の 15 才未満の人口は約 25 万人です。これは 2020 年の新潟県全体の人口の約何％でしょうか。四捨五入して整数で答えましょう。

📖 教科書 98ページ 6

（　　　　　　）

ポイント 柱状グラフをかくときは、となりどうしの長方形をぴったりくっつけてかくようにします。

6 データの見方

練習のワーク①

1 データの比べ方　右の表は、ゆみさんの学校の6年1組と6年2組の女子の50m走の記録です。

50m走の記録(1組)(秒)

番号	時間	番号	時間
1	8.4	11	9.2
2	9.2	12	8.4
3	9.6	13	8.1
4	8.3	14	10.0
5	9.7	15	9.5
6	8.6	16	9.2
7	10.2	17	10.4
8	9.5	18	8.2
9	8.5	19	8.7
10	9.6	20	8.7

50m走の記録(2組)(秒)

番号	時間	番号	時間
1	9.4	11	9.8
2	8.9	12	8.5
3	10.1	13	9.5
4	8.3	14	8.6
5	10.2	15	10.0
6	9.6	16	9.5
7	8.5	17	8.9
8	8.4	18	8.6
9	8.6	19	9.9
10	9.3		

① 記録がよいといえるのはどちらの組でしょうか。それぞれの組の平均値を求めて比べましょう。

（　　　　　）

② 1組と2組の記録をドットプロットに表しましょう。

1組

8.0　8.5　9.0　9.5　10.0　10.5(秒)

2組

8.0　8.5　9.0　9.5　10.0　10.5(秒)

③ 1組と2組の記録の最ひん値、中央値をそれぞれ答えましょう。

1組…最ひん値（　　　　　）　中央値（　　　　　）

2組…最ひん値（　　　　　）　中央値（　　　　　）

2 度数分布表　**1**の1組の記録について、次の問題に答えましょう。

① 記録を度数分布表に整理しましょう。

50m走の記録(1組)

時間(秒)	人数(人)
以上　　未満 8.0〜8.5	
8.5〜9.0	
9.0〜9.5	
9.5〜10.0	
10.0〜10.5	
合　計	

② 9.0秒以上10.0秒未満の人は何人いるでしょうか。また、それは1組の女子全体の何%でしょうか。

人数（　　　　　）　割合（　　　　　）

③ 記録のよいほうから数えて9番めの人は、何秒以上何秒未満の階級に入るでしょうか。

（　　　　　）

できるナビ　度数分布表の各階級に入るデータの数は、「正」の字を書いて調べることが多いけど、データの散らばりがドットプロットなどの数直線上に表されているときは、それを使うと便利だよ。

てびき

1 データの比べ方
① 平均値の小さい組のほうが記録がよいことに注意しましょう。

たいせつ

平均値
＝データの合計÷データの個数

② 記録を1つずつドットプロットの対応するところにかき入れましょう。

③ データの個数が偶数のときは、まん中が2個になるので、それらの平均値が中央値になります。

2 度数分布表
① ドットプロットを見て、各階級に入る数を数えましょう。

ちゅうい

○以上は○をふくみ、□未満は□をふくみません。

② 9.0秒以上9.5秒未満と9.5秒以上10.0秒未満の人数の合計を考えます。

③ 表の上から順に人数をたしていきます。

練習のワーク❷

できた数

／6問中

1 度数分布表　46 ページの**1**の 2 組の記録について、次の問題に答えましょう。

❶　記録を度数分布表に整理しましょう。

50m 走の記録（2 組）

時間（秒）	人数（人）
以上　　　未満 8.0～8.5	
8.5～9.0	
9.0～9.5	
9.5～10.0	
10.0～10.5	
合　計	

❷　9.0 秒以上 10.0 秒未満の人は何人いるでしょうか。また、それは 2 組の女子全体の約何％でしょうか。割合は、四捨五入して、小数第一位までの概数で求めましょう。

人数（　　　　　）　割合（　　　　　）

❸　9.0 秒未満の割合は、1 組と 2 組でどちらが多いでしょうか。

（　　　　　）

2 柱状グラフ　次の問題に答えましょう。

❶　46 ページの**2**の度数分布表を柱状グラフに表しましょう。

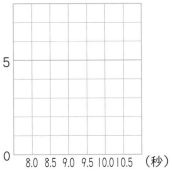

（人）50m 走の記録（1 組）

❷　47 ページの**1**の度数分布表を柱状グラフに表しましょう。

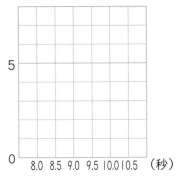

（人）50m 走の記録（2 組）

てびき

1 度数分布表
❶ ドットプロットを見て、各階級に入る数を数えましょう。

❷ 9.0 秒以上 9.5 秒未満と 9.5 秒以上 10.0 秒未満の人数の合計になります。

❸ 8.0 秒以上 8.5 秒未満の人数と 8.5 秒以上 9.0 秒未満の人数の合計を、全体の人数でわってくらべます。

2 柱状グラフ
長方形の縦が人数を表すようにかきます。

できるナビ　柱状グラフで表したとき、山型、おわん型、M 型など、グラフの形から名前がつけられているものがあるよ。

まとめのテスト❶

時間 **20**分

得点

/100点

教科書 88〜105ページ 答え 15ページ

1 下の表は、けんじさんの学校の 6 年 1 組と 6 年 2 組の握力測定の記録です。

1つ10〔70点〕

握力測定の記録（1 組）

番号	握力(kg)	番号	握力(kg)
1	21	11	24
2	19	12	26
3	16	13	27
4	19	14	17
5	17	15	15
6	22	16	20
7	18	17	23
8	20	18	14
9	24	19	22
10	21	20	19

握力測定の記録（2 組）

番号	握力(kg)	番号	握力(kg)
1	15	11	29
2	25	12	13
3	24	13	18
4	21	14	24
5	16	15	27
6	24	16	15
7	23	17	14
8	13	18	22
9	19	19	18
10	20		

❶ 記録がよいといえるのはどちらの組でしょうか。それぞれの組の平均値を求めて比べましょう。

（　　　　　　　）

❷ 1 組と 2 組の記録をドットプロットに表しましょう。

1 組　　　　　　　　　　　　　　　　　　2 組

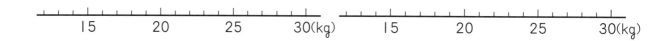

❸ 1 組と 2 組の記録の最ひん値、中央値をそれぞれ答えましょう。

1 組…最ひん値（　　　　　　）　中央値（　　　　　　）

2 組…最ひん値（　　　　　　）　中央値（　　　　　　）

2 よく出る **1** の 1 組の記録について、次の問題に答えましょう。

1つ10〔30点〕

❶ 記録を度数分布表に整理しましょう。

❷ 25kg 以上 30kg 未満の人は、1 組全体の人数の何％でしょうか。

（　　　　　　　）

❸ 記録のよいほうから数えて 8 番めの人は、何kg 以上何kg 未満の階級に入るでしょうか。

（　　　　　　　）

握力測定の記録（1 組）

握力(kg)	人数(人)
以上 未満 10〜15	
15〜20	
20〜25	
25〜30	
合　計	

□ 代表値を求めることができたかな？
□ 度数分布表にまとめることができたかな？

1 よく出る　48ページの **1** の2組の記録について、次の問題に答えましょう。　1つ15〔60点〕

① 記録を度数分布表に整理しましょう。

握力測定の記録（2組）

握力(kg)	人数(人)
以上　未満 10〜15	
15〜20	
20〜25	
25〜30	
合　計	

② 25kg以上30kg未満の人は、2組の男子全体の人数の約何%でしょうか。四捨五入して、整数で求めましょう。

（　　　　　　　　　）

③ 記録のよいほうから数えて7番めの人は、何kg以上何kg未満の階級に入るでしょうか。

（　　　　　　　　　）

④ 20kg以上の割合は、1組と2組でどちらが多いでしょうか。

（　　　　　　　　　）

2 次の問題に答えましょう。　1つ20〔40点〕

① 48ページの **2** の度数分布表を柱状グラフに表しましょう。

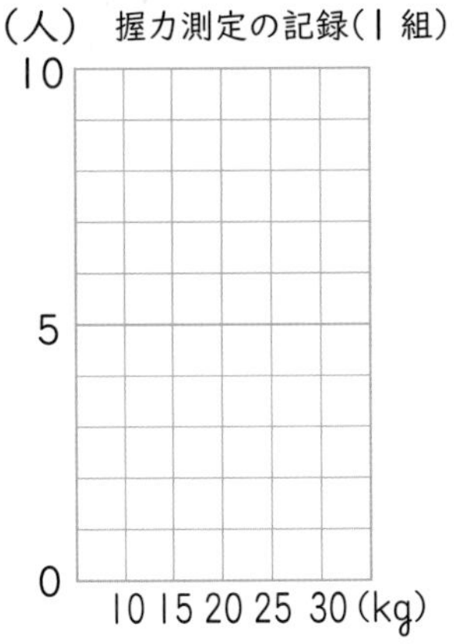

（人）　握力測定の記録（1組）

10

5

0
　10 15 20 25 30 (kg)

② 49ページの **1** の度数分布表を柱状グラフに表しましょう。

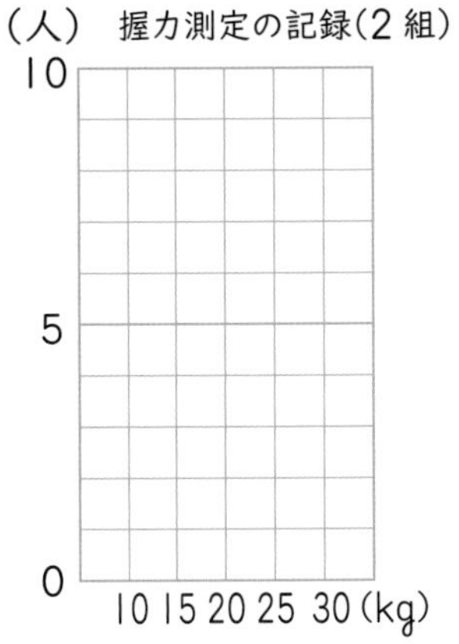

（人）　握力測定の記録（2組）

10

5

0
　10 15 20 25 30 (kg)

□ 柱状グラフに表すことができたかな？
□ 2つのデータをさまざまな観点で比べることができたかな？

円の面積 [その1]

基本のワーク

教科書 107〜115ページ　答え 15ページ

ふくしゅう できるかな？

例　直径の長さが 10cm の円の円周の長さを求めましょう。

考え方 円周＝直径×円周率で、円周率はふつうは 3.14 を使います。

$$10×3.14＝31.4(cm)$$

問題　直径の長さが 2cm の円の円周の長さを求めましょう。

基本 1 円の面積の求め方がわかりますか。

☆右のような円の面積を求めましょう。

とき方　まず、円の面積を求める式を考えましょう。

下の図のように、円を半径で細かく等分して並べかえると、その形は長方形とみることができます。したがって、この長方形の面積を求めれば、それが円の面積になります。

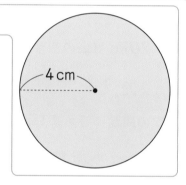

4 cm

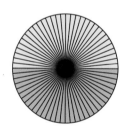 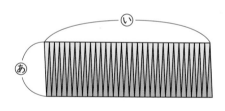

あ　い

上の図で、長方形の縦の長さあは、円の ☐ の長さと同じで、長方形の横の長さいは、円の ☐ の半分の長さと同じです。

長方形の面積＝　縦　×　横
　　　　　　　　↓　　　　↓
円の面積　＝　半径　×　円周÷2
　　　　　＝　半径　×　直径×円周率÷2
　　　　　＝　半径　×　直径÷2×円周率
　　　　　＝ ☐ × ☐ ×円周率

この公式にあてはめると、半径 4cm の円の面積は、

☐ × ☐ ×3.14＝ ☐

たいせつ
円の面積＝半径×半径×円周率

円周率は、ふつうは 3.14 を使うよ。

答え ☐ cm²

さんすうはかせ　円周率は 3.14159265358……と、どこまでも続いて終わりのない数だよ。

1 次のような円の面積を求めましょう。

教科書 108ページ **1**　112ページ **2**

①

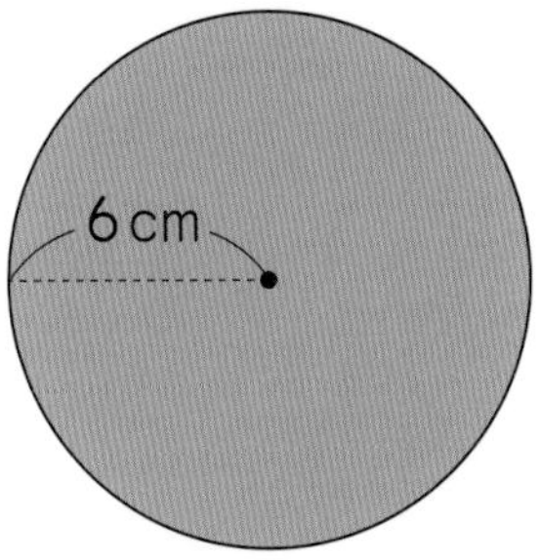

6cm

(　　　　　　　)

②

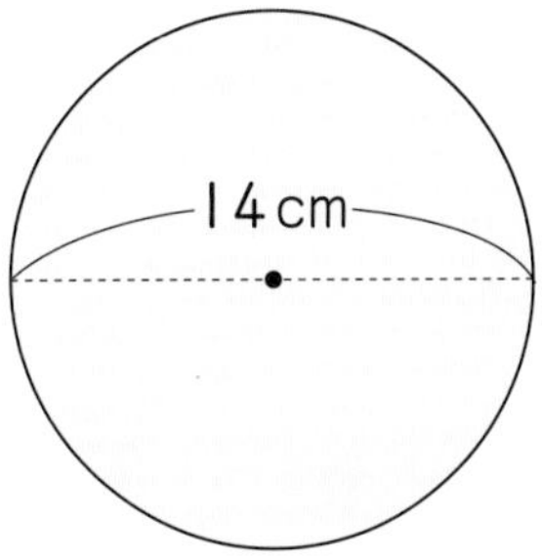

14cm

(　　　　　　　)

基本 2 円を $\frac{1}{2}$、$\frac{1}{4}$ などにした図形の面積を求めることができますか。

☆ 右のような図形の面積を求めましょう。

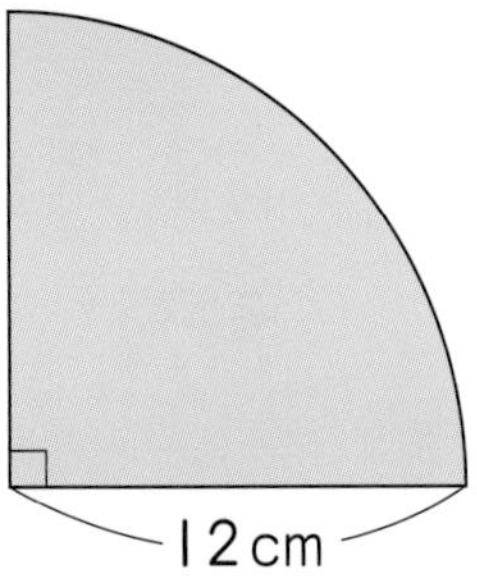

とき方 半径が 12cm の円を □ 分の一にしたものです。

□×□×3.14× $\frac{1}{\Box}$ ＝ □

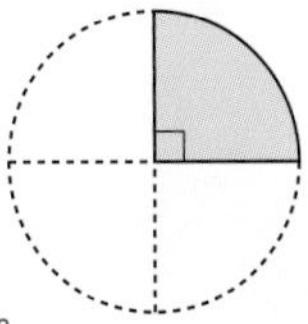

答え □ cm²

12cm

2 次のような図形の面積を求めましょう。

教科書 115ページ **3**

①

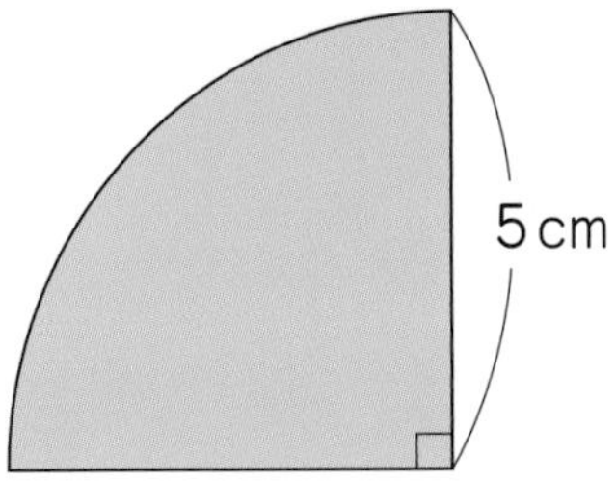

5cm

式

答え (　　　　　　)

②

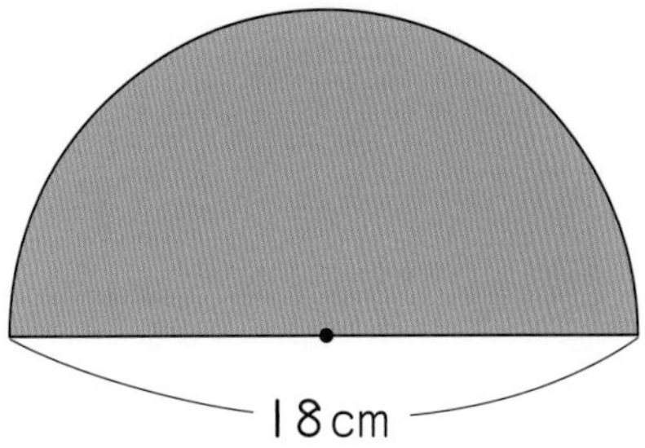

18cm

式

答え (　　　　　　)

3 右のような図形の面積を求めましょう。

教科書 115ページ **4**

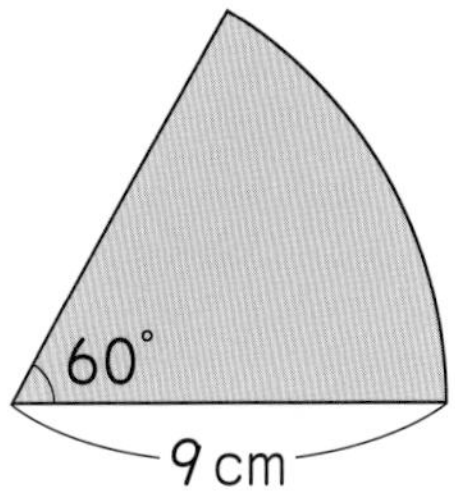

式

60°
9cm

答え (　　　　　　)

ポイント 円の面積＝半径×半径×円周率 で、円周率はふつう 3.14 を使います。

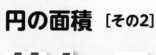

学習の目標・

円や三角形、四角形を組み合わせた図形の面積を求めよう。

円の面積 [その2]

基本のワーク

教科書 116〜117ページ　　答え 15ページ

基本 1 円を組み合わせた図形の面積を求めることができますか。

☆ 右のような図形の、色がついた部分の面積を求めましょう。

とき方 半径 ◻ cm の円の面積から、直径 ◻ cm の円の面積をひいて求めることができます。

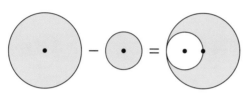

$$◻ × ◻ × 3.14 − ◻ × ◻ × 3.14 = \boxed{}$$

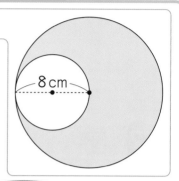

2つの円の面積を求めて、大きい円の面積から小さい円の面積をひこう。

答え ◻ cm²

---

1 次のような図形の、色がついた部分の面積を求めましょう。

教科書 116ページ 5

①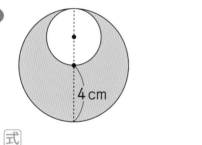

4cm

式

答え（　　　　　　）

②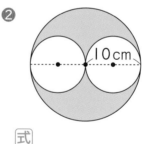

10cm

式

答え（　　　　　　）

③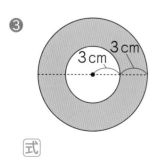

3cm　3cm

式

答え（　　　　　　）

④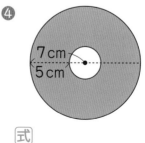

7cm
5cm

式

答え（　　　　　　）

さんすうはかせ 円を2つの半径で切りとった形をおうぎ形といい、2つの半径の間の角をおうぎ形の中心角というよ。

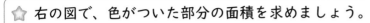

基本 2 円や多角形を組み合わせた図形の面積を求めることができますか。

☆ 右の図で、色がついた部分の面積を求めましょう。

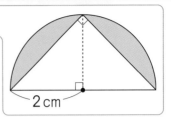

とき方 いろいろな組み合わせが考えられます。

《1》 円の $\frac{1}{4}$ の面積から、三角形の面積をひいて、2 倍します。

$$2 \times 2 \times 3.14 \times \frac{1}{4} - 2 \times 2 \div 2 = \boxed{}$$

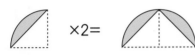 ×2=

$$\boxed{} \times 2 = \boxed{}$$

《2》 円の $\frac{1}{2}$ の面積から、三角形の面積をひきます。

 $$2 \times 2 \times 3.14 \times \frac{1}{2} - 4 \times 2 \div 2 = \boxed{}$$

答え $\boxed{}$ cm²

---

2 次の図で、色がついた部分の面積を求めましょう。 📖 教科書 116ページ**6**

①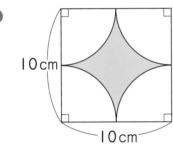
10cm
10cm

式

答え（　　　　　）

② 6cm
6cm
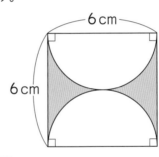

式

答え（　　　　　）

③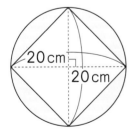
20cm
20cm

式

答え（　　　　　）

④ 10cm
10cm
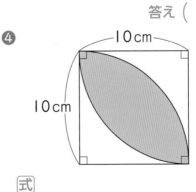

式

答え（　　　　　）

ポイント 円や三角形、四角形を組み合わせた図形の面積を求めるときは、円の半径をまちがえないようにしましょう。また、くふうして簡単に求められないかどうか考えましょう。

53

練習のワーク①

勉強した日▶　　月　　日

できた数

/8問中

1 円の面積　次のような円の面積を求めましょう。

① 11cm

② 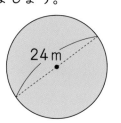 24m

（　　　　　　）（　　　　　　）

2 円の一部　次のような図形の面積を求めましょう。

① 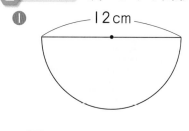 12cm

式

② 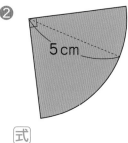 5cm

式

答え（　　　　　　）　　　答え（　　　　　　）

3 円を組み合わせた図形　次の図で、色がついた部分の面積を求めましょう。

① 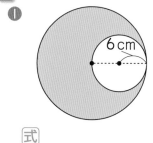 6cm

式

② 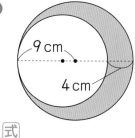 9cm　4cm

式

答え（　　　　　　）　　　答え（　　　　　　）

4 いろいろな図形　次の図で、色がついた部分の面積を求めましょう。

① 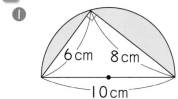 6cm　8cm　10cm

式

② 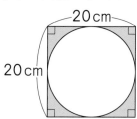 20cm　20cm

式

答え（　　　　　　）　　　答え（　　　　　　）

1 円の面積

たいせつ

円の面積
＝半径×半径
　　　×円周率

単位にも注意しよう。

2 円の一部
円の何分の一になっているかを考えましょう。

3 円を組み合わせた図形
② まず、小さい円の直径を求めましょう。

4 いろいろな図形
① 円を $\frac{1}{2}$ にした図形と三角形の組み合わせです。
② 円と正方形の組み合わせです。

 できるナビ　円の面積を求めるには、半径の長さを知る必要があるね。図にかかれた長さが半径なのか、直径なのか、それとも別の計算をして半径を求めるのか、しっかりと判断しよう。

練習のワーク❷

教科書 107～121ページ　答え 16ページ

できた数 ／8問中

1 円の面積　次のような円の面積を求めましょう。
① 円周の長さが 18.84cm の円　② 円周の長さが 75.36cm の円

1 円の面積

たいせつ

円の直径
＝円周の長さ
　　÷円周率

(　　　　　　)　　　(　　　　　　)

2 円の一部　次のような図形の面積を求めましょう。

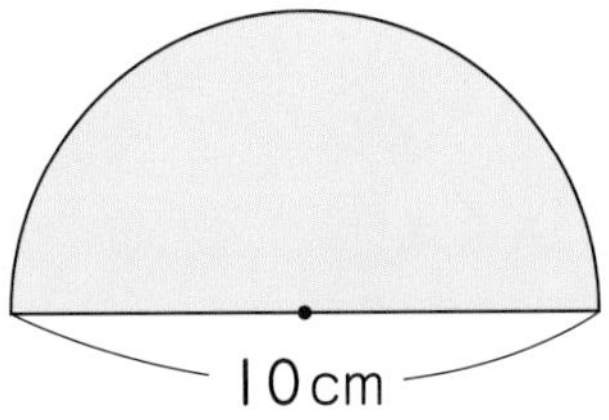

① 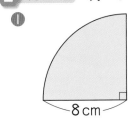　　8cm
式

② 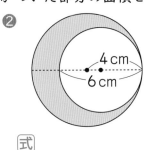　　10cm
式

2 円の一部
① 円を $\frac{1}{4}$ にした図形です。

答え (　　　　　)　　答え (　　　　　)

3 円を組み合わせた図形　次の図で、色がついた部分の面積を求めましょう。

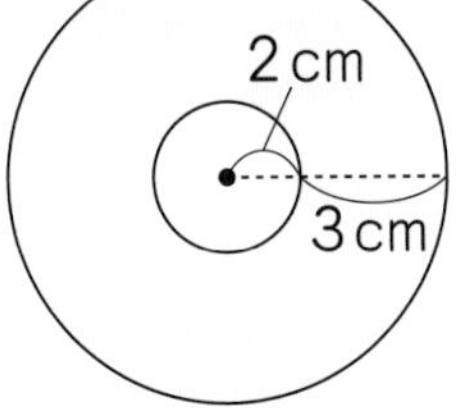

① 2cm 3cm
式

② 4cm 6cm
式

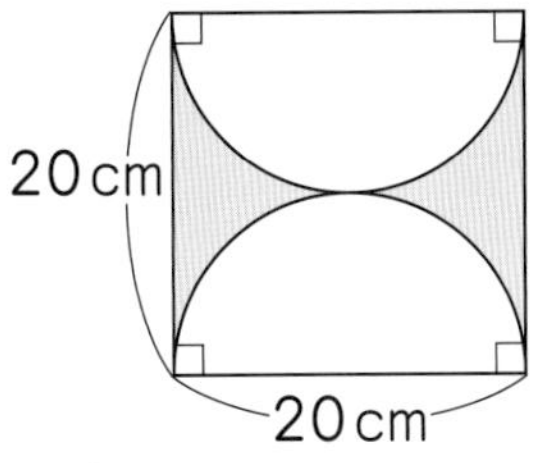

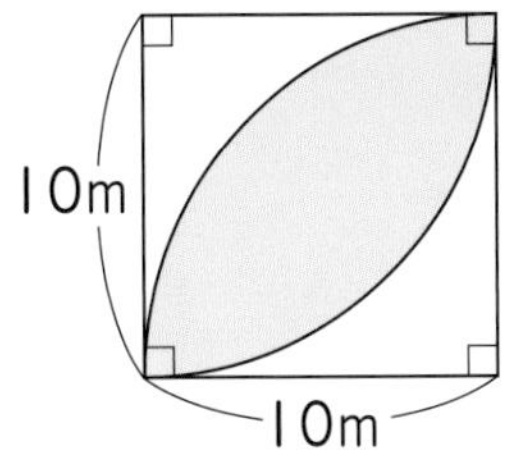

3 円を組み合わせた図形
大きい円の面積から小さい円の面積をひいて求めましょう。

答え (　　　　　)　　答え (　　　　　)

4 いろいろな図形　次の図で、色がついた部分の面積を求めましょう。

① 20cm 20cm
式

② 10m 10m
式

4 いろいろな図形
① 正方形の中に円を半分に切った図形が2つ入っています。

ヒント
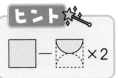

答え (　　　　　)　　答え (　　　　　)

できるナビ　円の面積の $\frac{1}{2}$ や $\frac{1}{4}$ を求めるときに、×$\frac{1}{2}$ や×$\frac{1}{4}$ を忘れないようにしよう。

55

まとめのテスト①

時間 **20** 分

得点
/100点

教科書 107〜121ページ　答え 16ページ

1 右の円の必要なところの長さをはかって、面積を求めましょう。　〔11点〕

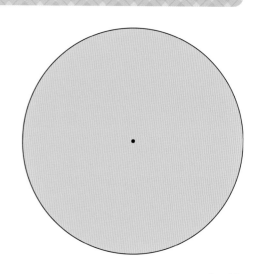

（　　　　　　　　）

2 半径が 17cm の円の面積は、1辺の長さが 17cm の正方形の面積の何倍でしょうか。　〔11点〕

（　　　　　　　　）

3 よく出る 次のような図形の面積を求めましょう。　1つ11〔22点〕

❶

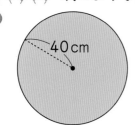

40cm

❷

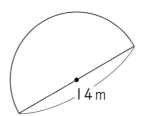

14m

（　　　　　　　）　　　　　　　（　　　　　　　）

4 次の図で、色がついた部分の面積を求めましょう。　1つ11〔44点〕

❶

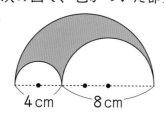

4cm　8cm

❷

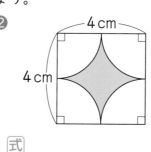

4cm
4cm

式　　　　　　　　　　　　　　　　式

答え（　　　　　　　）　　　　　　　答え（　　　　　　　）

5 円周の長さが 31.4cm の円の面積は何 cm² でしょうか。　〔12点〕

（　　　　　　　）

チェック ✔
□ 円の面積を求めることができたかな？
□ 円や四角形を組み合わせた図形の面積の求め方がわかったかな？

まとめのテスト❷

時間 **20**分

得点

/100点

教科書 **107〜121ページ**　答え **17ページ**

1 次のような図形の面積を求めましょう。

1つ8〔32点〕

❶

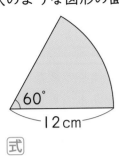

60°
12cm

式

答え（　　　　　）

❷

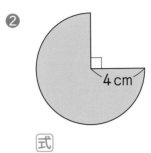

4cm

式

答え（　　　　　）

2 よく出る　次の図で、色がついた部分の面積を求めましょう。

1つ9〔36点〕

❶

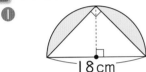

18cm

式

答え（　　　　　）

❷

10cm
10cm

式

答え（　　　　　）

3 右の⊛の円と◌の円4個分の面積を求めてどちらが大きいかを考えます。次の□にあてはまる数を書きましょう。

1つ4〔32点〕

　⊛の円の面積 = □ × □ × 3.14
　　　　　　　 = □ （cm²）

　◌の円4個分の面積 = □ × □ × 3.14 × 4
　　　　　　　 =（10 × □ ）×（10 × □ ）× 3.14
　　　　　　　 = 40 × 40 × 3.14
　　　　　　　 = □ （cm²）

　このことから、⊛の円の面積と◌の円4個分の面積は等しくなります。

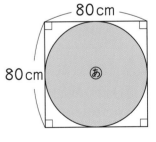

80cm
80cm
⊛

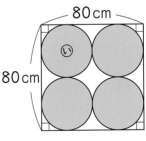

80cm
80cm
◌

ふろくの「計算練習ノート」17〜18ページをやろう！

 チェック ✓

□ 円の一部の面積の求め方がわかったかな？
□ 正方形の中にぴったりおさまる円の面積の求め方がわかったかな？

8 比例と反比例

比例と反比例 [その1]

基本のワーク

学習の目標・
比例の性質を調べ、比例の関係を式に表せるようになろう。

基本 1 比例の性質を利用して問題を解くことができますか。

☆ 同じ種類のくぎがたくさんあります。みのりさんはこれを 1 本ずつ数えずに、本数とそれに対応する重さを調べて表にまとめました。全部のくぎの重さを調べたところ、360g でした。この結果から、全部のくぎの本数を求めましょう。

10 本の重さ	8 g
20 本の重さ	16g
30 本の重さ	24g

とき方 くぎの本数を x 本、重さを yg として、y の値が 360 のときの x の値を求めます。

本数　x(本)	10	20	30	…	?
重さ　y (g)	8	16	24	…	360

《1》 本数と重さは比例します。

　　$8 \times \square = 360$

　　　　$\square = 360 \div 8$

　　　　　$= \boxed{}$

　　重さが $\boxed{}$ 倍になると、本数も $\boxed{}$ 倍になるので、全部のくぎの本数は、

　　$10 \times \boxed{} = \boxed{}$（本）

《2》 x と y の関係を式に表します。

　　x の値が 10 のとき、y の値は 8 だから、　$8 \div 10 = \boxed{}$

　　x の値が 20 のとき、y の値は 16 だから、　$16 \div 20 = \boxed{}$

　　したがって、x と y の関係を表す式は、$y = \boxed{} \times x$

　　y の値が 360 だから、$360 = \boxed{} \times x$

　　　　　　　　　　　　$x = 360 \div \boxed{}$

　　　　　　　　　　　　$x = \boxed{}$　　　　答え $\boxed{}$ 本

1 長い針金があります。右の表は、針金が 10cm、20cm、30cm のときの重さを調べたものです。全部の針金の重さは 1800g でした。　📖教科書 123ページ1

10cm の重さ	15g
20cm の重さ	30g
30cm の重さ	45g

❶ 全部の針金の重さは、10cm の針金の重さの何倍でしょうか。

式

　　　　　　　　　　　　　　　　　答え（　　　　　　　）

❷ ❶から、全部の針金の長さを求めましょう。

式

　　　　　　　　　　　　　　　　　答え（　　　　　　　）

❸ 針金の長さを $x$cm、重さを yg として、x と y の関係を式に表しましょう。

　　　　　　　　　　　　　　　　　（　　　　　　　）

❹ ❸の式を使って、全部の針金の長さを求めましょう。

式

　　　　　　　　　　　　　　　　　答え（　　　　　　　）

さんすうはかせ　調査の対象が日本人全体など、調べきれないときは、全員について調べるのではなく、何人かを選んで調べて比例の性質を使っておよその人数を求めるよ。

基本 2 **比例する関係がわかり、その関係を式に表すことができますか。**

☆ 高さが 80 cm の直方体の形をした水そうがあります。この水そうに、一定の量で水を入れていき、水を入れる時間を x 分、水の深さを y cm とします。

時間　x(分)	1	2	3	4	5	6
水の深さy(cm)	4	8	12	16	20	24

❶ y は x に比例しているといえますか。

❷ x と y の関係を式に表しましょう。

❸ x の値が 7、8 のときの y の値をそれぞれ求めましょう。

❹ 水を 12 分間入れると、水の深さは何 cm になるでしょうか。

とき方 ❶ 2 つの数量 x と y があって、x の値が□倍になると、それにともなって y の値も□倍になるとき、「y は x に ☐ する」といいます。

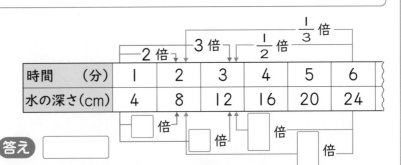

時間　　（分）	1	2	3	4	5	6
水の深さ（cm）	4	8	12	16	20	24

答え ☐

❷ y の値を、対応する x の値でわった商は、
$4÷1=4$、$8÷2=$☐、$12÷3=$☐、…
というように、いつも☐になります。
$y÷x=4$
$y=$☐$×x$　　答え ☐

> **たいせつ**
> y が x に比例するとき、x の値でそれに対応する y の値をわった商は、きまった数になり、$y=$きまった数$×x$ と表されます。

❸ x の値が 7 のとき、$y=4×7=$☐　　　x の値が 8 のとき、$y=4×$☐$=$☐

答え $x=7$ のとき $y=$☐、$x=8$ のとき $y=$☐

❹ x に 12 をあてはめて計算します。$y=4×$☐$=$☐　　答え ☐ cm

---

2 上の **基本2** について答えましょう。　　　📖 教科書 128ページ**2**

❶ 水を 16 分間入れると、水の深さは何 cm になるでしょうか。

（　　　　　　　　）

❷ 水の深さが 60 cm になるのは、水を入れ始めてから何分後でしょうか。

（　　　　　　　　）

ポイント $y=$きまった数$×x$ の「きまった数」は、x が 1 増えるときの y の増える量になっています。

❽ 比例と反比例

比例と反比例 [その2]

基本のワーク

教科書 132〜135ページ　　答え 17ページ

基本 **1** 比例する関係をグラフに表すことができますか。

☆ 59 ページの 基本**2** の、水の深さ y cm が時間 x 分に比例する関係をグラフに表しましょう。

時間　　　x（分）	1	2	3	4	5	6
水の深さ y（cm）	4	8	12	16	20	24

とき方 x と y の関係を表す式は、$y = 4 \times x$ です。
x の値が 0 のとき、$y = 4 \times 0 = 0$
表の x の値と、対応する ☐ の値の組を表す
点をとって、その点を直線で結びます。

さんこう

点（1，4）は、x の 1 のところの縦の線と y の 4 のところの横の線が交わったところになります。

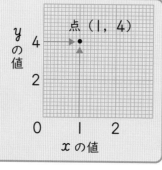

点（1，4）

比例する 2 つの数量の関係を表すグラフは、
0 の点を通る ☐ になります。

答え 右の図に記入

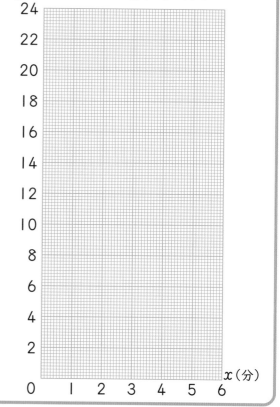

y（cm）水を入れる時間と水の深さ

1 下の表は、ロープの長さ x m と重さ y g の関係を表しています。

📖教科書 132ページ**3**

長さ　　x（m）	1	2	3	4
重さ　　y（g）	20	40	60	80

❶ x と y の関係をグラフに表しましょう。

❷ ロープの長さが 5 m のとき、重さは何 g でしょうか。

（　　　　　　　）

❸ ロープの重さが 120 g のとき、長さは何 m でしょうか。

（　　　　　　　）

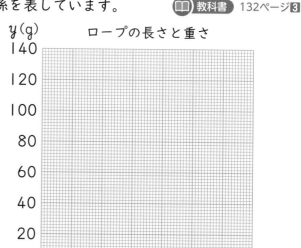

y（g）ロープの長さと重さ

さんすうはかせ 選挙の「比例代表制」というのは、各政党の得票率に比例して議席の分け方を決定する選挙制度だよ。投票する人の考えをできるだけ正確に反映させようと考えられたんだって。

☆ 右のグラフは、電車とバスが同時に出発してからの時間 x 時間と進んだ道のり y km の関係を表しています。

❶ バスが 2 時間で進んだ道のりを求めましょう。

❷ 電車が 90km 進むのにかかった時間を求めましょう。

❸ 電車とバスの時速をそれぞれ答えましょう。

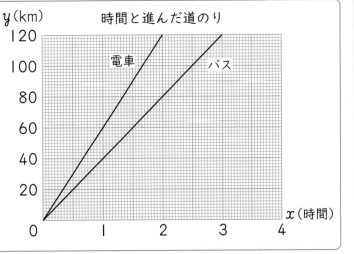

時間と進んだ道のり

とき方 ❶ バスのグラフで、x の値が 2 のときの y の値をよみ取ると □ です。

答え □ km

❷ 電車のグラフで、y の値が 90 のときの x の値をよみ取ると □ です。

答え □ 時間

❸ 時速は、□ 時間に進む道のりで表した速さなので、x の値が □ のときの y の値をよみ取ります。

答え 電車 時速 □ km バス 時速 □ km

2 下のグラフは、けんたさんが自転車で、えりさんが走って、同時に出発してからの時間 x 分と進む道のり y m の関係を表しています。

📖 教科書 135ページ 4

❶ えりさんが 6 分間で進んだ道のりを求めましょう。

(   )

❷ けんたさんが 800m 進むのにかかった時間を求めましょう。

時間と進んだ道のり

(   )

❸ けんたさんとえりさんの分速を答えましょう。

分速は、1 分間に進む道のりで表した速さだね。

けんたさん (   )

えりさん (   )

ポイント 時間を x、道のりを y として、x と y の関係を表したグラフでは、x の値が 1 のときの y の値が速さを表します。

8 比例と反比例

比例と反比例 [その3]

基本のワーク

教科書 136〜139ページ | 答え 18ページ

学習の目標・
反比例の性質を理解し、その関係を式に表せるようにしよう。

基本 1 反比例する関係がわかりますか。

☆ 下の表は、面積が $36\,cm^2$ の平行四辺形の、底辺の長さと高さの関係を調べたものです。高さは底辺の長さに反比例しているといえますか。

底辺の長さ x(cm)	1	2	3	4	5	6
高さ y(cm)	36	18	12	9	7.2	6

とき方 2つの数量 x と y があって、x の値が2倍、3倍、……になると、それにともなって y の値が $\frac{1}{2}$ 倍、$\frac{1}{3}$ 倍、……になるとき、「y は x に 	□ する」といいます。

2倍　3倍　4倍

底辺の長さ x(cm)	1	2	3	4	5	6
高さ y(cm)	36	18	12	9	7.2	6

□ 倍　□ 倍　□ 倍

y が x に反比例するとき、x の値が□倍になると、y の値は $\frac{1}{□}$ 倍になるよ。

答え □

---

1 下の❶〜❸について、それぞれ2つの数量が反比例しているかどうか調べましょう。

📖教科書 136ページ 5

❶ 面積が $6\,m^2$ の長方形の、縦の長さ xm と横の長さ ym

縦の長さ x(m)	1	2	3	4	5	6
横の長さ y(m)	6	3	2	1.5	1.2	1

(　　　　　　)

❷ 水そうから一定の割合で水をぬくときの時間 x 分と残りの量 yL

時間 x(分)	1	2	3	4	5	6
残りの量 y(L)	27	24	21	18	15	12

(　　　　　　)

❶〜❸とも、x の値が増えると y の値は減っているけど……。

❸ 12km の道のりを進むときの時速 $x$km と時間 y 時間

時速 x(km)	1	2	3	4	5	6
時間 y(時間)	12	6	4	3	2.4	2

(　　　　　　)

 さんすうはかせ 　y が x に反比例することを、$y \propto x^{-1}$ と表すこともあるんだって。

☆ 62ページの 基本**1** について、次の問題に答えましょう。

① x と y の関係を式に表しましょう。

② x の値が 8 のときの y の値を求めましょう。

③ 高さが 10cm のとき、底辺の長さは何 cm になるでしょうか。

とき方 x と y は、1cm と 36cm、2cm と 18cm、3cm と 12cm、……のように対応しています。

①

底辺の長さx(cm)	1	2	3
高さ y(cm)	36	18	12

たいせつ

y が x に反比例するとき、x の値とそれに対応する y の値の積は、きまった数になり、$y=$ きまった数 $\div x$ と表されます。

x の値と、それに対応する y の値の積は、

$1 \times 36 = 36$、$2 \times 18 = \boxed{}$、$3 \times 12 = \boxed{}$、……

というように、いつも $\boxed{}$ になります。

$x \times y = 36$

$y = \boxed{} \div x$

答え $\boxed{}$

② 式の x に 8 をあてはめて計算します。$y = 36 \div 8 = \boxed{}$

答え $y = \boxed{}$

③ $x \times y = 36$ の y に 10 をあてはめます。$x \times \boxed{} = 36$

$x = 36 \div \boxed{}$

$x = \boxed{}$ 答え $\boxed{}$cm

2 60L の水が入る水そうがあります。この水そうに水を入れるとき、1分間あたりに入れる水の体積 xL と水そうがいっぱいになる時間 y 分の関係を調べます。 教科書 138ページ**6**

水の体積 x(L)	1	2	3	4	5	6
時間 y(分)	60			15		10

① 上の表のあいているところに、あてはまる数を書きましょう。

② x と y の関係を式に表しましょう。

(　　　　　　　　)

③ 1分間あたりに 2.5L の水を入れるとき、水そうがいっぱいになるのにかかる時間は何分でしょうか。

(　　　　　　　　)

ポイント y が x に反比例するとき、$x \times y$ は「きまった数」になります。

63

比例と反比例 [その4]

基本のワーク

学習の目標・
反比例の関係をグラフに表したり、利用したりできるようになろう。

教科書 140〜142ページ　　答え 18ページ

基本 1 反比例する関係をグラフに表すことができますか。

☆ 下の表は、面積が 18cm² の長方形の縦の長さを x cm、横の長さを y cm としたとき、横の長さが縦の長さに反比例する関係を表しています。

縦の長さ x(cm)	1	2	3	4	5	6	9	18
横の長さ y(cm)	18	9	6	4.5	3.6	3	2	1

❶ x と y の関係を式に表しましょう。

❷ x の値と y の値の組を表す点をグラフにかきましょう。

❸ x と y の関係を表す式を使って、x の値が 10、12、15 のときの y の値を求めて、これらの x の値と y の値の組を表す点をグラフにかきましょう。

とき方 ❶ 反比例の式のきまった数は、

$1×18=$ ▢

答え ▢

❷ 比例のグラフをかくときと同じように、x の値と y の値の組を表す点をかいていきます。

答え 右の図に記入

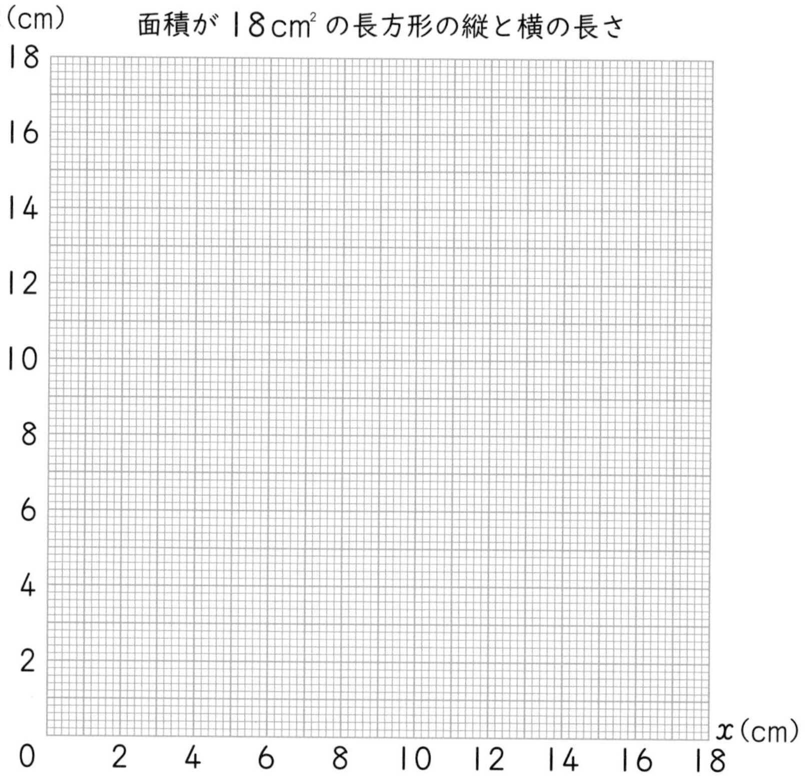

❸ $y=18÷x$ の x に数をあてはめます。

$x=10$ のとき、

$y=18÷10=$ ▢

$x=12$ のとき、

$y=18÷12=$ ▢

$x=15$ のとき、

$y=18÷15=$ ▢

答え 右の図に記入

面積が 18cm² の長方形の縦と横の長さ

y(cm)

(グラフ: 縦軸 0〜18、横軸 x(cm) 0〜18)

1 上の 基本 1 で、x の値が 1.2、1.5、1.8 のときの y の値を求めて、これらの x の値と y の値の組を表す点もグラフにかきましょう。

📖 教科書 140ページ 7

点を細かくとっていくと、グラフの形がはっきりしてくるね。

64

反比例のグラフである、なめらかな曲線のことを双曲線というんだよ。

☆ かおりさんは、遊園地の乗り物の行列に並んでいます。
かおりさんの前には、あと 24 人並んでいます。
この行列で、6 人が乗り物に乗るのに 5 分かかります。
行列が同じ速さで前に進んでいくとしたとき、かおりさんがこの乗り物に乗るまでに、あと何分かかると考えられるでしょうか。

とき方 待ち時間は、前に並ぶ人数に比例すると考えると、

人数（人）	6	24
時間（分）	5	?

24÷6＝ □ より、

24 人は、6 人の □ 倍です。

人数が □ 倍になると、時間も □ 倍になるので、

かかる時間は、

5× □ ＝ □

 乗り物に乗るのにかかる時間は、どの人も同じだと考えるよ。

答え □ 分

2 上の 基本 **2** で、比例の式 $y ＝$ きまった数 $× x$ から求めることを考えます。

📖 教科書 142ページ

人数 x（人）	6	24
時間 y（分）	5	?

❶ x と y の関係を式に表しましょう。

(   )

❷ たかしさんの前に行列に並んでいる人が 42 人のとき、たかしさんの順番がくるまでにかかる時間はあと何分と考えられるでしょうか。

(   )

ポイント 前に並ぶ人数が 2 倍のとき、待ち時間も 2 倍になるので、待ち時間は人数に比例するといえます。

8 比例と反比例

練習のワーク①

できた数

/9問中

1 比例の関係と式　縦の長さが 5cm の長方形の、横の長さ x cm と面積 y cm² の関係を調べます。

横の長さ x（cm）	1	2	3	4	5	6
面積　　y（cm²）	5					30

① 上の表のあいているところに、あてはまる数を書きましょう。

② x と y の関係を式に表しましょう。

（　　　　　　　　）

③ 横の長さが 9cm のとき、面積は何 cm² になるでしょうか。

（　　　　　　　　）

2 比例のグラフ　**1** の長方形の横の長さ x cm と面積 y cm² の関係を、グラフに表しましょう。
　また、横の長さが 2.5cm のときの面積と、面積が 22.5cm² のときの横の長さを求めましょう。

面積（　　　　　　　）
横の長さ（　　　　　　　）

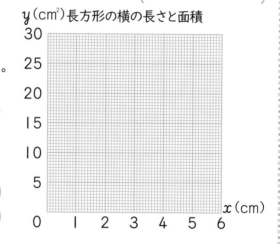

y（cm²）長方形の横の長さと面積

3 反比例の関係と式　面積が 48cm² の長方形の、縦の長さ x cm と横の長さ y cm の関係を調べます。

縦の長さ x（cm）	1	2	3	4	5	6
横の長さ y（cm）	48					8

① 上の表のあいているところに、あてはまる数を書きましょう。

② x と y の関係を式に表しましょう。

（　　　　　　　　）

③ 縦の長さが 10cm のとき、横の長さは何 cm になるでしょうか。

（　　　　　　　　）

てびき

1 比例の式

たいせつ

比例の式
y＝きまった数×x

③ 式の x に 9 をあてはめて計算します。

2 比例のグラフ

たいせつ

比例のグラフは、0 の点を通る直線になります。

3 反比例の式

たいせつ

反比例の式
y＝きまった数÷x

③ 式の x に 10 をあてはめて計算します。

できるナビ　比例のグラフをかくときは、表の対応する x と y の値の組の点をとるだけでなく、0 の点を通るように直線で結ぶことを忘れずに。

練習のワーク❷

教科書 122〜144ページ　答え 19ページ

勉強した日 ▶　月　日

できた数

／7問中

1 比例の関係と式　下の表は、時速50kmで走る自動車について、走る時間 x 時間と道のり y km の関係を調べたものです。

時間　　x（時間）	1	2	3	4	5	6
道のり　y（km）	50	100	150	200	250	300

❶ x と y の関係を式に表しましょう。

（　　　　　　　　　）

❷ 走る時間が8時間のとき、道のりは何kmになるでしょうか。

（　　　　　　　　　）

❸ 走る道のりが700kmのとき、時間は何時間になるでしょうか。

（　　　　　　　　　）

2 比例のグラフ　右のグラフは、リボンあとリボンⓘの長さ x m と代金 y 円の関係を表しています。リボンあとリボンⓘでは、300円で買える長さのちがいは何mでしょうか。

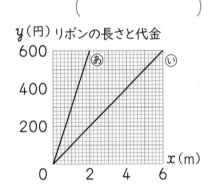

y（円）リボンの長さと代金

（　　　　　　　　　）

3 反比例の関係と式　下の表は、9kmの道のりを進むときの、進む速さ時速 x km とかかる時間 y 時間の関係を調べたものです。

時速　　x（km）	1	2	3	4	5	6
時間　　y（時間）	9	4.5	3	2.25	1.8	1.5

❶ x と y の関係を式に表しましょう。

（　　　　　　　　　）

❷ 速さが時速18kmのとき、かかる時間は何時間になるでしょうか。

（　　　　　　　　　）

❸ かかる時間が3.6時間のとき、速さは時速何kmになるでしょうか。

（　　　　　　　　　）

てびき

1 比例の式

たいせつ

比例の式
y＝きまった数×x

❸ y の値が700だから、
$700＝50×x$

2 比例のグラフ

2つのグラフで、y の値が300のときの x の値をそれぞれよみ取って比べます。

3 反比例の式

たいせつ

反比例の式
y＝きまった数÷x

❸ 反比例の式の y に3.6をあてはめます。

できるナビ　反比例は、x の値が2倍、3倍、……になると、対応する y の値が $\frac{1}{2}$ 倍、$\frac{1}{3}$ 倍、……になるよ。

67

まとめのテスト❶

時間 **20** 分

得点

／100点

教科書 122〜144ページ　答え 19ページ

1 下の❶〜❸について、それぞれ2つの数量が比例しているか、反比例しているか、比例も反比例もしていないかを調べましょう。

1つ12〔36点〕

❶ 面積が78cm² の平行四辺形の底辺の長さ $x$cm と高さ $y$cm

底辺の長さ　　x(cm)	1	2	3	4	5	6
高さ　　　　　y(cm)	78	39	26	19.5	15.6	13

（　　　　　　　　）

❷ 直方体の形をした水そうに水を入れるときの入れる時間 x分と水の深さ $y$cm

時間　　　　　x（分）	1	2	3	4	5	6
水の深さ　　　y(cm)	6	12	18	24	30	36

（　　　　　　　　）

❸ 10m のひもから一部を切り取るときの切り取った長さ xm と残りの長さ ym

切り取った長さ x(m)	1	2	3	4	5	6
残りの長さ　　 y(m)	9	8	7	6	5	4

（　　　　　　　　）

2 よく出る 右のグラフは、底辺の長さが8cm の三角形について、高さ $x$cm と面積 $y$cm² の関係を表しています。

1つ12〔36点〕

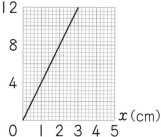

y (cm²) 三角形の高さと面積

❶ x と y の関係を式に表しましょう。

（　　　　　　　　）

❷ 高さが2cm のとき、面積は何cm² でしょうか。

（　　　　　　　　）

❸ 面積が10cm² のとき、高さは何cm でしょうか。

（　　　　　　　　）

3 下の表は、1200mL のジュースを何人かで等分するときの、人数 x人と1人あたりの量 ymL の関係を調べたものです。

1つ14〔28点〕

人数　　　　　x（人）	1	2	3	4	5	6
1人あたりの量 y(mL)	1200	600	400	300	240	200

❶ x と y の関係を式に表しましょう。

（　　　　　　　　）

❷ 15人で等分するとき、1人あたりの量は何mL になるでしょうか。

（　　　　　　　　）

□ 比例と反比例の性質をそれぞれ理解できたかな？
□ 比例のグラフをよみ取れたかな？

まとめのテスト②

得点

/100点

教科書 122~144ページ 答え 19ページ

1 次の❶、❷について、y は x に比例しているか、反比例しているかを答えましょう。また、x と y の関係を式に表しましょう。 1つ10〔40点〕

❶ 800m の道のりを分速 x m で歩くときにかかる時間 y 分

( )

(式) ( )

❷ 1冊120円のノートを x 冊買ったときの代金 y 円

( )

(式) ( )

2 よく出る 下の表は、リボンを買うときの、買うリボンの長さ x m と代金 y 円の関係を調べたものです。 1つ12〔24点〕

リボンの長さ x(m)	1	2	3	4	5
代金 y(円)	300	600	900	1200	1500

❶ リボンを 12m 買うと、代金は何円になるでしょうか。

( )

❷ リボンの代金が 2700 円になるのは、リボンの長さが何m のときでしょうか。

( )

3 90L の水が入る水そうがあります。下の表は、この水そうに水を入れるとき、1分間あたりに入れる水の体積 x L と、水そうがいっぱいになる時間 y 分の関係を調べたものです。 1つ12〔36点〕

体積 x(L)	1	2	3	4	5
時間 y(分)	90	45	30	22.5	18

❶ x と y の関係を式に表しましょう。

( )

❷ 1分間あたりに 15L の水を入れるとき、水そうがいっぱいになるのにかかる時間は何分でしょうか。

( )

❸ 水そうがいっぱいになるのに 12 分かかるとき、1分間あたりに入れる水の体積は何L になるでしょうか。

( )

ふろくの「計算練習ノート」22~23ページをやろう!

 チェック ✓ □ 比例の式を利用して、問題を解くことができたかな？
□ 反比例の式を利用して、問題を解くことができたかな？

勉強した日 ▶ 　月　　日

角柱と円柱の体積
基本のワーク

教科書 146〜151ページ　　答え 19ページ

基本 ① 底面が長方形の四角柱の体積を求められますか。

☆ 右のような四角柱の体積の求め方を考えます。

① 高さを x cm、体積を y cm³ として、体積と高さの関係を式に表しましょう。

② 高さが 7 cm のときの体積を求めましょう。

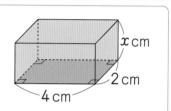

とき方 底面が長方形だから、直方体とみることができます。

① 高さを 1 cm、2 cm、……と変えると、体積は右の表のようになります。x と y の関係を式で表すと、

$y = \boxed{} \times x$　　答え $\boxed{}$

高さ x(cm)	1	2	3	4
体積 y(cm³)	8	16	24	32

② ①の式 $y = 8 \times x$ の 8 は、底面の面積(これを $\boxed{}$ といいます)を表す数です。

つまり、底面が長方形の四角柱の体積は、次の式で求められます。

直方体の体積＝縦×横×高さ＝ $\boxed{}$ ×高さ

高さが 7 cm のときの体積は、$\boxed{} \times 7 = \boxed{}$　　答え $\boxed{}$ cm³

---

① 右のような直方体を四角柱とみて、体積を求めましょう。

📖教科書 147ページ**1**

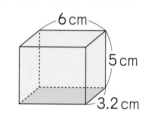

（　　　　　　）

基本 ② 角柱の体積を求められますか。

☆ 右のような三角柱と四角柱の体積を求めましょう。

① 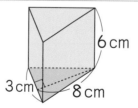　　②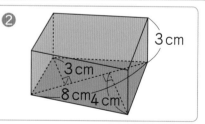

とき方 角柱の体積は、$\boxed{}$ ×高さ の式で求められます。

① 底面積は、$3 \times \boxed{} \div 2 = \boxed{}$ (cm²)

だから体積は、$\boxed{} \times 6 = \boxed{}$ (cm³)　　答え $\boxed{}$ cm³

② 底面の四角形は、対角線で 2 つの三角形に分けられるから、底面積は、$8 \times \boxed{} \div 2 + \boxed{} \times 4 \div 2 = \boxed{}$ (cm²)

だから、体積は、$\boxed{} \times 3 = \boxed{}$ (cm³)　　答え $\boxed{}$ cm³

**たいせつ**
角柱の体積＝底面積×高さ

さんすうはかせ 日本では以前、体積の単位に石、斗、升、合、勺が使われていたよ。今でもお米やお酒、おしょう油などの量で使われるね。

2 次のような角柱の体積を求めましょう。　教科書 148ページ2

❶
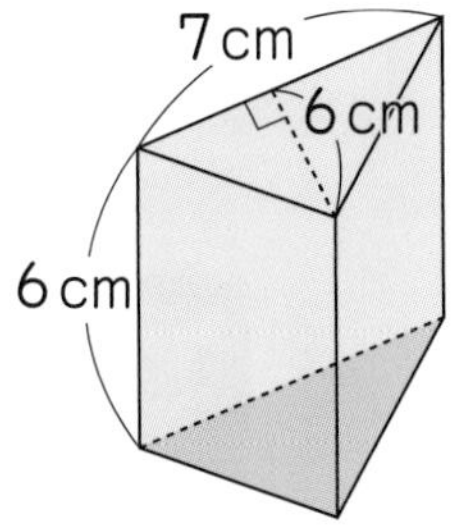
7cm
6cm
6cm

（　　　　　）

❷
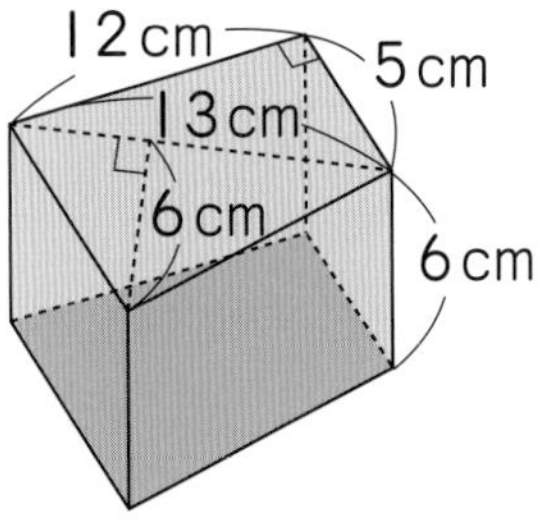
12cm
5cm
13cm
6cm
6cm

（　　　　　）

❸
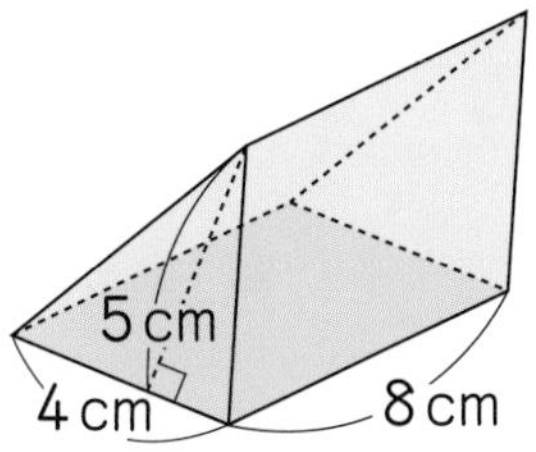
5cm
4cm
8cm

（　　　　　）

❹
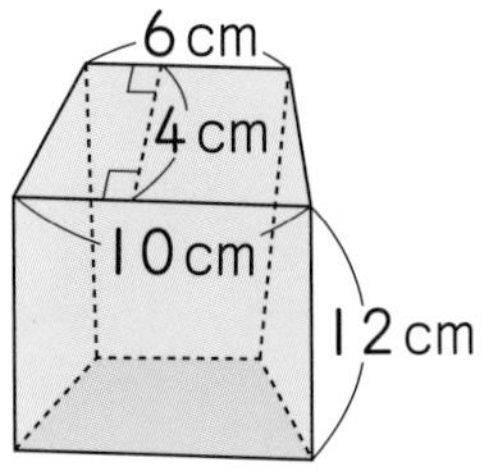
6cm
4cm
10cm
12cm

（　　　　　）

基本 3 円柱の体積を求められますか。

☆ 右のような円柱の体積を求めましょう。

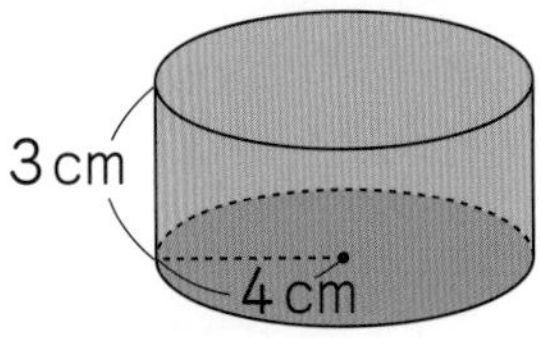
3cm
4cm

とき方 円柱の体積も、角柱と同じように、
□×高さ の式で求められます。
底面積は、□×□×3.14＝□(cm^2)
だから体積は、□×3＝□(cm^3)

答え □cm^3

たいせつ
円柱の体積＝底面積×高さ

3 次のような円柱の体積を求めましょう。　教科書 150ページ3

❶
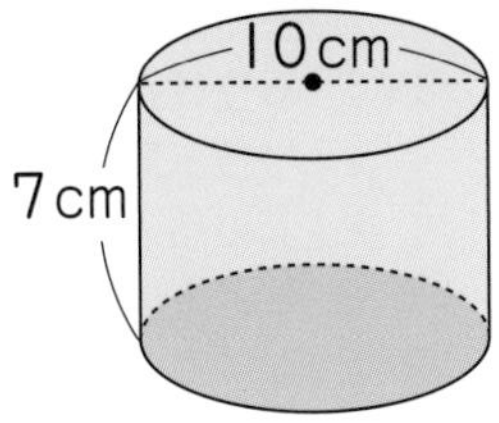
10cm
7cm

（　　　　　）

❷
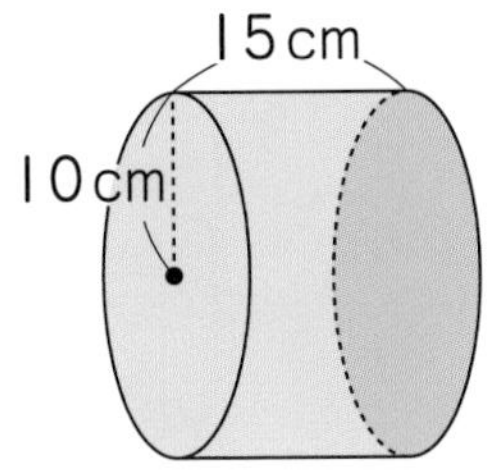
15cm
10cm

（　　　　　）

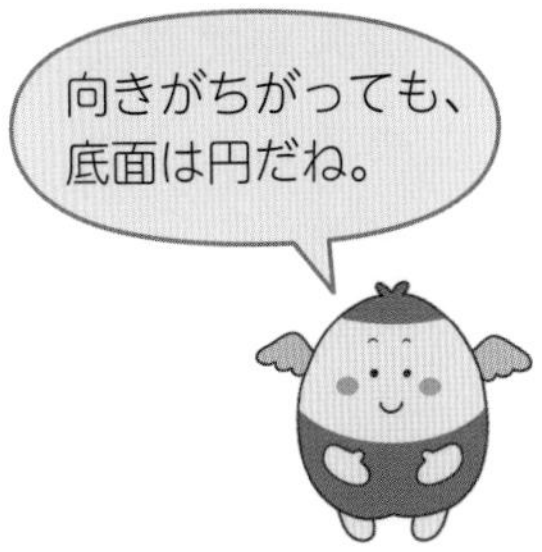
向きがちがっても、
底面は円だね。

ポイント どんな角柱の体積も、底面積×高さ で求められます。角柱の底面は、対角線をかくと三角形に分けることができます。

練習のワーク

教科書 146〜154ページ　答え 20ページ

1 角柱の体積　次のような角柱の体積を求めましょう。

①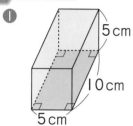
5cm
10cm
5cm

②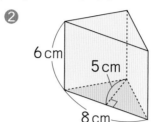
6cm
5cm
8cm

（　　　　　）　　　（　　　　　）

③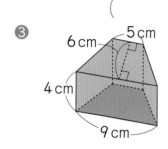
6cm　5cm
4cm
9cm

④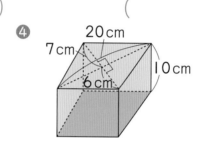
20cm
7cm
6cm
10cm

（　　　　　）　　　（　　　　　）

2 円柱の体積　次のような円柱の体積を求めましょう。

①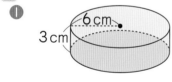
6cm
3cm

②
10cm
15cm

（　　　　　）　　　（　　　　　）

3 展開図と体積　右のような展開図を組み立ててできる立体の体積を求めましょう。

 1cm
1cm

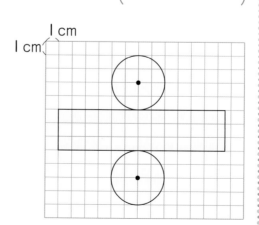

（　　　　　）

てびき

1 角柱の体積

たいせつ

角柱の体積
＝底面積×高さ

③　底面は台形です。

④　底面積は、2つの三角形の面積の和として計算します。

2 円柱の体積

たいせつ

円柱の体積
＝底面積×高さ

3 展開図

まず、組み立ててできる立体が何かを考えてから、底面積と高さを求めるのに必要な長さをよみ取りましょう。

できるナビ　底面積を求めてから高さをかけるのではなく、1つの式にまとめて計算してもいいよ。
たとえば、円柱の体積は、半径×半径×円周率×高さ になるね。

まとめのテスト

得点

/100点

時間 **20** 分

教科書 146〜154ページ 答え 20ページ

1 よく出る 次のような角柱や円柱の体積を求めましょう。

1つ10〔60点〕

①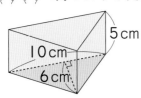

5cm
10cm
6cm

②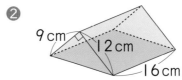

9cm
12cm
16cm

(   )

(   )

③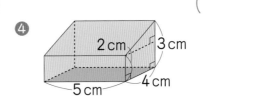

4cm 13cm
8cm
7cm

④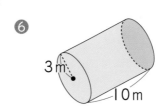

2cm 3cm
5cm 4cm

(   )

(   )

⑤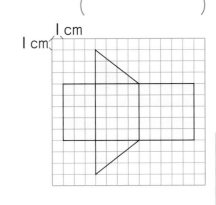

8cm
6cm

⑥

3m
10m

(   )

(   )

2 右のような展開図を組み立ててできる立体の体積を求めましょう。

〔10点〕

1cm
1cm

(   )

3 次のような立体の体積を求めましょう。

1つ15〔30点〕

①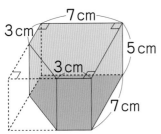

7cm
3cm
5cm
3cm
7cm

②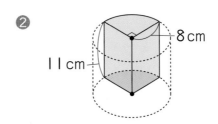

8cm
11cm

(   )

(   )

ふろくの「計算練習ノート」21ページをやろう！

チェック ✓
□ 角柱や円柱の体積を求めることができたかな？
□ 展開図を組み立てた立体の体積を求めることができたかな？

学習の目標・
比の表し方や比の値を
知り、等しい比をつく
れるようになろう。

比 [その1]

基本のワーク

教科書 156〜160ページ   答え 20ページ

基本 1 比の表し方と比の値がわかりますか。

☆ つゆのもと 300mL に水を 500mL 加えて
めんつゆを作りました。
❶ つゆのもとと水の量の割合を比で表しま
しょう。
❷ つゆのもとと水の量の比の値を求めま
しょう。

つゆのもと
300mL

水
500mL

とき方 ❶ つゆのもとの量を 3 とみると、水の量は □ とみられます。3 と 5 の割合を、
「：」の記号を使って 3： □ のように表すことがあります。3：5 を「三対五」とよみます。
このように表された割合を □ といいます。

答え □：□

❷ a：b で表された比で、b を 1 とみたときに a がいくつにあ
たるかを表した数を、比の □ といいます。3：5 の比の値は、

$$3 \div 5 = \frac{\square}{5}$$

答え □

たいせつ
a：b の比の値は、
a÷b の商

つゆのもとを 300 とみると、水の量は 500 とみられるので、
3：5 と 300：500 は同じ比を表しています。このようなとき、
2 つの比は等しいといい、3：5 □ 300：500 のように表します。
2 つの比が等しいとき、比の値も等しくなります。

---

1 みきさんはシールを 7 枚、お姉さんは 9 枚持っています。みきさんとお姉さんのシールの
枚数の割合を比で表しましょう。また、その比の値を求めましょう。 📖 教科書 157ページ**1**

比 (   )   比の値 (   )

2 次の比の値を求めましょう。 📖 教科書 157ページ**1**
❶ 1：4   ❷ 8：3   ❸ 6：9

(   )   (   )   (   )

3 比の値を使って、3：4 と等しい比をすべて選びましょう。 📖 教科書 157ページ**1**
あ 6：8   ⊙ 10：8   ③ 15：20   ② 24：18

比の値を調べよう。

(   )

 比の記号「：」はコロンというよ。比を表す以外にも、例えば 12 時 34 分を 12：34 と
書くように、時刻を表すときにも使われているね。

☆ 次の問題に答えましょう。

① □にあてはまる数を書きましょう。

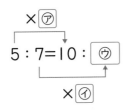

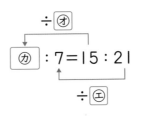

② 12：15 と等しい比を 3 つ書きましょう。

とき方 ①

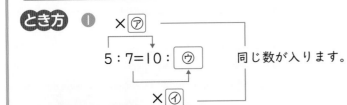 同じ数が入ります。

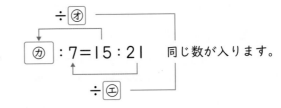 同じ数が入ります。

🐟 **たいせつ**

比の性質　$a:b$ の a と b に同じ数をかけたり、同じ数でわったりしてできる比は、すべて等しい比になります。

答え ⑦ □　④ □　⑦ □　④ □　⑦ □　⑦ □

②

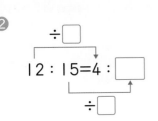

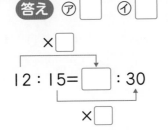

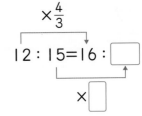

答え （例）4：□、□：30、16：□

4 次の比と等しい比を 3 つ書きましょう。　📖 教科書 160ページ2

① 2：4

　　　　　　　　　　　　　（　　　　　　　　　　　　　）

② 8：5

　　　　　　　　　　　　　（　　　　　　　　　　　　　）

③ 14：12

　　　　　　　　　　　　　（　　　　　　　　　　　　　）

④ 21：3

　　　　　　　　　　　　　（　　　　　　　　　　　　　）

📍 **ポイント**　$a:b$ の比の値 $\frac{a}{b}$ は、比かく量を a、基準量を b としたときの割合です。

比 [その2]

基本のワーク

教科書　161〜162ページ　答え　20ページ

学習の目標・
比の性質を利用して、比を簡単にする方法を考えよう。

基本 ❶　比を簡単にすることができますか。

☆　9：12 と 24：32 が等しい比かどうか調べましょう。

とき方　比を、それと等しい比で、できるだけ小さい整数どうしの比になおすことを、比を □ にするといいます。

比を簡単にするには、2 つの数をそれらの数の最大公約数でわります。

9 と 12 の最大公約数は □ だから、

9：12 ＝（9÷□）：（12÷□）

＝□：□

24 と 32 の最大公約数は □ だから、

24：32 ＝（24÷□）：（32÷□）

＝□：□

答え □

❶ 次の比を簡単にしましょう。

📖教科書　161ページ 3

① 8：12

② 10：14

（　　　　　　）

（　　　　　　）

③ 6：24

④ 35：21

（　　　　　　）

（　　　　　　）

基本 ❷　小数や分数で表された比を簡単にすることができますか。

☆　次の比を簡単にしましょう。

① 1.2：1.8

② $\frac{4}{7} : \frac{2}{3}$

とき方　小数や分数の比は、整数の比になおしてから簡単にします。

① 1.2：1.8 ＝（1.2×10）：（1.8×□）

＝12：□

＝□：□　　答え □：□

② $\frac{4}{7} : \frac{2}{3} = \left(\frac{4}{7} \times 21\right) : \left(\frac{2}{3} \times \square\right)$

＝12：□

＝□：□　　答え □：□

整数の比になおすために、①は両方の数を 10 倍し、②は分母の最小公倍数をかけるんだね。

さんすうはかせ　地球の陸地と海の面積の比はおよそ 29：71 で、ほぼ 3：7 になっているよ。

📖教科書 162ページ4

② 次の比を簡単にしましょう。

① 0.3 : 0.9

② 1.6 : 2.8

(　　　　　)

(　　　　　)

③ 3 : 1.8

④ 0.25 : 1.5

(　　　　　)

(　　　　　)

⑤ $\dfrac{1}{3} : \dfrac{3}{4}$

⑥ $\dfrac{7}{15} : \dfrac{2}{5}$

(　　　　　)

(　　　　　)

⑦ $\dfrac{5}{6} : \dfrac{1}{8}$

⑧ $\dfrac{4}{5} : 6$

(　　　　　)

(　　　　　)

基本③ 3つの数の比の表し方がわかりますか。

☆ だしを 200mL、みりんを 50mL、しょう油を 50mL 混ぜて天つゆを作りました。このときの、だしとみりんとしょう油の割合を比で表しましょう。

とき方 3つの数の割合も、2つのときと同じように比で表せます。

だし：みりん：しょう油＝200：50：☐

50mL を 1 とみると、

200：50：☐＝☐：1：☐

答え ☐

③ おこづかいを、お兄さんは 1200 円、けんじさんは 800 円、弟は 600 円持っています。
3 人が持っているおこづかいの割合を、簡単にした比で表しましょう。

📖教科書 162ページ

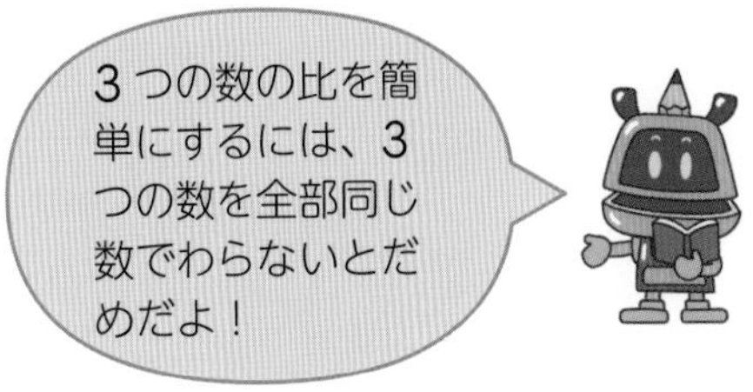

3つの数の比を簡単にするには、3つの数を全部同じ数でわらないとだめだよ！

(　　　　　)

ポイント 小数で表された比は 10 倍、100 倍、……して整数になおします。整数や分数、小数がまじった比では、両方の数に同じ数をかけることを忘れないようにしましょう。

⑩ 比

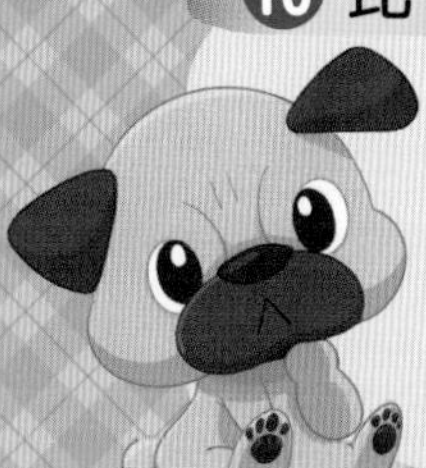

比 [その3]

教科書 163〜166ページ　　答え 21ページ

基本 ❶ 比の一方の量を求めることができますか。

☆ 縦と横の長さの比が 4：5 になるように、長方形の形をしたひざかけを作ります。横の長さを 80cm にするとき、縦の長さは何 cm にすればよいでしょうか。

とき方　求める数を x として場面を図に表すと、次のようになります。

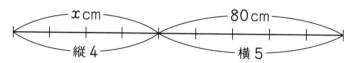

《1》 縦の長さは、横の長さの $\dfrac{\Box}{\Box}$ 倍だから、$80 \times \dfrac{\Box}{\Box} = \Box$

《2》 縦の長さ x cm と横の長さ 80cm の比を 4：5 にするから、

$$\overset{\times 16}{\overbrace{4：5 = x：80}_{\times 16}}$$

したがって、$x = 4 \times \Box = \Box$

答え $\Box$ cm

❶ 酢とオリーブ油の量の比が 3：4 になるように、ドレッシングを作ります。酢の量を 90mL にするとき、オリーブ油は何 mL 入れればよいでしょうか。　　📖 教科書 163ページ⑤

式

答え（　　　　　）

❷ x にあてはまる数を求めましょう。　　📖 教科書 163ページ⑤

❶ 2：3 = x：21

❷ 9：4 = 54：x

（　　　　　）

（　　　　　）

❸ 9：15 = 3：x

❹ x：8 = 56：64

（　　　　　）

（　　　　　）

さんすうはかせ　いまのテレビの画面の横と縦の長さの比は、16：9 のものが多いんだって。

基本 **2** 全体をきまった比に分けることができますか。

☆ 赤いバラと白いバラの本数の比が 5：3 になるようにバラを買います。バラの本数を全部で 40 本にするとき、赤いバラは何本買えばよいでしょうか。

とき方 場面を図に表すと、次のようになります。

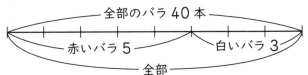

赤いバラの本数：全部のバラの本数＝5：□

《1》 赤いバラの本数は、全部のバラの本数の $\frac{□}{□}$ 倍だから、$40 × \frac{□}{□} = □$

《2》 赤いバラの本数を x 本とします。

x 本と全部のバラの本数 40 本の比を 5：8 にするから、$5：8＝x：40$

$×5$

$×5$

したがって、$x＝5×□＝□$

答え □ 本

3 長さが 100cm のリボンがあります。このリボンを、長さの比が 3：2 になるように 2 つに分けると、それぞれの長さは何 cm になるでしょうか。

📖 教科書 165ページ 6

式

答え（　　　　　　　　　）

基本 **3** 比の考え方を使って問題を解くことができますか。

☆ りょうさんは、いとこがつった魚の写真を見ていて、比の考えを使えば魚の全長が求められると考えました。つった魚の全長を求めるには、どんなことを調べればよいでしょうか。下のあ〜えの中から 3 つ選びましょう。

あ 写真の横の長さ　　　　　　12.7cm
い 写真の中の新聞の横の長さ　　8.2cm
う 写真の中の魚の全長　　　　　7cm
え 新聞の横の長さ　　　　　　　82cm

とき方 写真に写っている 2 つのものの長さの比は、実際の 2 つのものの長さの比と等しいことから考えます。写っているのは魚と新聞です。

答え □、□、□

4 上の 基本3 で、つった魚の全長を $x$cm として比で表し、x にあてはまる数を求めましょう。つった魚の全長は何 cm だったでしょうか。

📖 教科書 166ページ

□：□＝x：□

つった魚の全長（　　　　　　　　）

ポイント $a：b＝(a×c)：(b×c)＝(a÷d)：(b÷d)$ の関係を利用して、比の一方の量を求めます。また、全体を $a：b$ に分けるとき、全体は、$a＋b$ と表されます。

練習のワーク①

教科書 156〜168ページ 答え 21ページ

できた数

／12問中

1 比の値 次の比の値を求めましょう。

① 4：5   ② 6：27   ③ 56：8

( ) ( ) ( )

2 比を簡単にする 次の比を簡単にしましょう。

① 63：36   ② 5.1：1.7   ③ $\dfrac{5}{8}：\dfrac{7}{12}$

( ) ( ) ( )

3 比の一方の量を求める x にあてはまる数を求めましょう。

① 3：8＝x：24   ② 5：6＝75：x

( ) ( )

③ 4：x＝48：60   ④ x：3＝0.7：0.3

( ) ( )

4 比の一方の量を求める問題 ホットケーキのもとと牛乳の重さの比が 8：7 になるように、ホットケーキを作ります。ホットケーキのもとを 320g にするとき、牛乳は何 g にすればよいでしょうか。

式

答え ( )

5 全体をきまった比に分ける問題 しゃけとおかかのおにぎりの個数の比が 3：4 になるようにおにぎりを作ります。おにぎりの個数を全部で 42 個にするとき、しゃけのおにぎりは何個にすればよいでしょうか。

式

答え ( )

てびき

1 比の値

たいせつ

$a：b$ の比の値は、
$a÷b$ の商

2 比の性質

たいせつ

$a：b$
$=(a×c)：(b×c)$
$=(a÷d)：(b÷d)$

3 比の一方の量

$$\overset{×10}{\overbrace{\qquad}}$$
④ x：3＝0.7：0.3

4 比の一方の量

8：7 の 8 にあたる量 が 320g です。

5 全体の比

3：4 に分けるとき、 全体は 7 になります。

できるナビ 小数や分数で表された比を簡単にするときは、10 倍、100 倍したり、分母の最小公倍 数をかけたりして整数の比にしてから、できるだけ小さい整数の比になおすといいよ。

練習のワーク❷

できた数

/13問中

1 割合の表し方　次の割合を比で表しましょう。

❶ 縦の長さが 10cm、横の長さが 3cm の長方形の、縦と横の長さの割合

（　　　　　　　　　）

❷ 青いリボン 3m と、赤いリボン 8m の青いリボンと赤いリボンの長さの割合

（　　　　　　　　　）

2 等しい比　2：5 と等しい比をすべて選びましょう。

㋐ 4：8　　㋑ 6：15　　㋒ 10：4　　㋓ 14：35　　㋔ 18：50

（　　　　　　　　　）

3 比(1)　次の比を簡単にしましょう。

❶ 12：18

❷ 21：14

（　　　　　　　　　）　　　　（　　　　　　　　　）

❸ 0.9：2.7

❹ $\frac{5}{6}$：$\frac{3}{8}$

（　　　　　　　　　）　　　　（　　　　　　　　　）

4 比(2)　x にあてはまる数を求めましょう。

❶ 5：3＝x：15

❷ 2：8＝7：x

（　　　　　　　　　）　　　　（　　　　　　　　　）

❸ 6：x＝15：5

❹ x：4＝35：14

（　　　　　　　　　）　　　　（　　　　　　　　　）

5 比の問題　次の問題に答えましょう。

❶ あるサッカークラブの小学生と中学生の人数の割合は、5：3 になっています。小学生は 25 人います。中学生は何人いますか。

式

答え（　　　　　　　　　）

❷ ある日のテーマパークの入場者数は 4600 人で、大人と子どもの人数の比は 2：3 でした。子どもの入場者数は何人でしたか。

式

答え（　　　　　　　　　）

てびき

1 割合の表し方

ちゅうい

$a：b$ と $b：a$ はちがう比を表しているので気をつけましょう。

2 等しい比

等しい比は、$a：b＝c：d$ のように等号を使って表します。

3 比(1)

❸ 0.9：2.7
＝(0.9×10)：
　　(2.7×10)
❹ 6 と 8 の最小公倍数をかけます。

4 比(2)

❷ 2：8＝1：4 だから、1：4＝7：x と考えることもできます。

5 比の問題

❶ 5：3＝25：x となります。
❷ 大人と子どもが 2：3 なので、全体は 2＋3＝5 となります。

できるナビ　比を簡単にすると、2つの数の大きさの割合がわかりやすくなったり、等しい比を見つけやすくなったりするよ。

まとめのテスト❶

時間 **20**分

得点
／100点

教科書 156〜168ページ　　答え 22ページ

1 3：2と等しい比をすべて選びましょう。〔8点〕

　あ　2：3　　　い　9：6　　　う　15：10　　　え　60：30　　　お　75：50

（　　　　　　　）

2 よく出る 次の比を簡単にしましょう。　1つ8〔24点〕

　❶　6：10　　　　　　　❷　2.7：0.3　　　　　　❸　$\frac{5}{8}：\frac{3}{4}$

（　　　　　）　　　　（　　　　　）　　　　（　　　　　）

3 よく出る xにあてはまる数を求めましょう。　1つ9〔36点〕

　❶　2：5＝x：45　　　　　　　　　　❷　21：49＝3：x

（　　　　　）　　　　　　　　（　　　　　）

　❸　2：3＝x：18　　　　　　　　　　❹　9：4＝63：x

（　　　　　）　　　　　　　　（　　　　　）

4 牛肉とぶた肉の重さの比が5：4になるように、あいびき肉を作ります。牛肉を200gにするとき、ぶた肉は何gにすればよいでしょうか。　1つ8〔16点〕

　式

答え（　　　　　　　）

5 周りの長さが80cmの長方形を作ります。縦と横の長さの比を3：7にするには、横の長さを何cmにすればよいでしょうか。　1つ8〔16点〕

　式

答え（　　　　　　　）

□ 割合を比を使って表すことができたかな？
□ 等しい比を見つけることができたかな？

まとめのテスト❷

時間 **20**分

得点 /100点

教科書 156〜168ページ　答え 22ページ

1 等しい比を選びましょう。 〔8点〕

ⓐ 4:9　ⓘ 5:15　ⓤ 8:16　ⓔ 15:10　ⓞ 9:4

ⓚ 12:26　ⓘ 35:60　ⓚ 7:15　ⓚ 18:28　ⓚ 14:24

(　　　　　　)

2 よく出る 次の比を簡単にしましょう。 1つ6〔36点〕

❶ 9:15　　❷ 20:32　　❸ 1.5:2.7

(　　　)　　(　　　)　　(　　　)

❹ 0.4:20　　❺ $\frac{8}{3}:\frac{5}{4}$　　❻ $2.4:\frac{8}{5}$

(　　　)　　(　　　)　　(　　　)

3 よく出る x にあてはまる数を求めましょう。 1つ6〔24点〕

❶ $5:2=x:16$　　❷ $18:x=2:\frac{1}{3}$

(　　　)　　(　　　)

❸ $x:1.2=5:6$　　❹ $0.5:4=\frac{2}{5}:x$

(　　　)　　(　　　)

4 縦の長さと横の長さの比が 4:5 の長方形の画用紙があり、縦の長さは 12.4cm です。横の長さは何cm ですか。 1つ8〔16点〕

式

答え (　　　　　)

5 全部で 220 枚あるカードを、兄と弟で分けます。兄がもらう枚数と弟がもらう枚数の比を 4:7 にするとき、弟がもらう枚数は何枚ですか。 1つ8〔16点〕

式

答え (　　　　　)

ふろくの「計算練習ノート」19〜20ページをやろう！

 □ 比を簡単にすることはできたかな？
□ 比を使った問題を解くことができたかな？

83

⑪ 拡大図と縮図

拡大図と縮図 [その1]

基本のワーク

教科書 170〜175ページ　答え 23ページ

基本 ① 拡大図、縮図がわかりますか。

☆ あの拡大図、縮図を下のいからおの中から選びましょう。

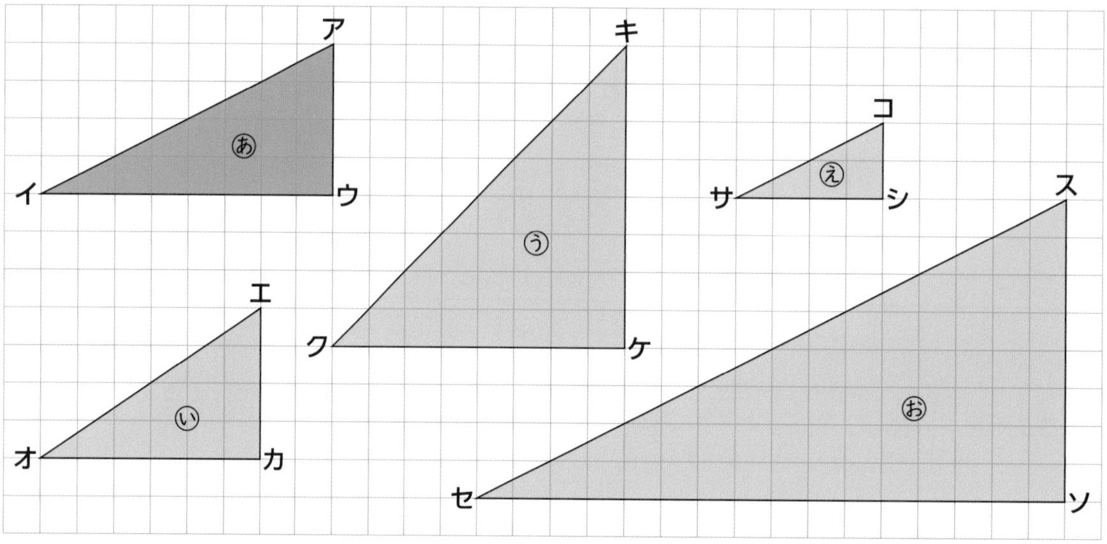

とき方　もとの図を、形を変えないで大きくした図を _____ 、形を変えないで小さくした図を _____ といいます。

あとおは、辺アイと辺スセ、辺イウと辺セソ、辺アウと辺 _____ のように、対応する辺の長さの比がすべて 1：2 になっていて、対応する角の大きさがすべて等しくなっているので、おはあの ___ 倍の _____ です。

また、あとえは、辺アイと辺コサ、辺イウと辺 _____ 、辺アウと辺コシのように、対応する辺の長さの比がすべて 2：1 になっていて、対応する角の大きさがすべて等しくなっているので、えはあの $\frac{1}{\square}$ の _____ です。

たいせつ
拡大図、縮図では、対応する辺の長さの比は等しくなっています。また、対応する角の大きさも等しくなっています。

答え　あの拡大図 _____
　　　あの縮図 _____

① 上の 基本① のあ、え、おについて答えましょう。

📖 教科書 171ページ①

❶ あの図は、えの図の何倍の拡大図でしょうか。

(　　　　　　　　　)

❷ 「縮図」という言葉を使って、えの図とおの図の関係をいいましょう。

(　　　　　　　　　)

「〇の図は、△の図の $\frac{1}{\square}$ の縮図です。」というように答えよう。

もとの図形とその拡大図・縮図とは相似である（たがいによく似ている）といって、あの図∽おの図 のように記号「∽」を使って表すよ。相似については、中学校で習うよ。

☆ 右の三角形**アイウ**の 2 倍の拡大図を途中までかきました。
辺BC は辺**イウ**に対応しています。頂点アに対応する頂点
A をかいて、拡大図を完成させましょう。

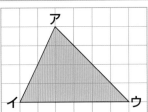

とき方 2 倍の拡大図では、対応する辺の
長さはもとの図の ◻ 倍になります。

もとの図の 1 目もり分が拡大図
の 2 目もり分になるように、方
眼を手がかりにしてかこう。

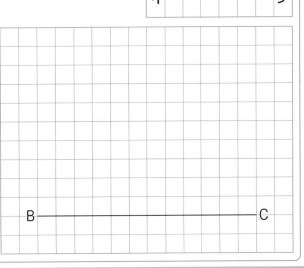

答え 問題の図に記入

❷ 上の 基本2 の三角形**アイウ**の $\frac{1}{2}$ の縮図をかきましょう。

📖 教科書 174ページ 2

❸ 右の図の 2 倍の拡大図と $\frac{1}{2}$ の縮図をかきましょう。

📖 教科書 174ページ 2

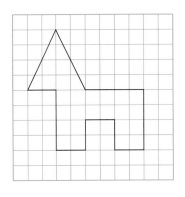

拡大図

縮図

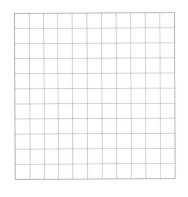

ポイント ⓐの図がⓘの図の拡大図のとき、ⓘの図はⓐの図の縮図になります。

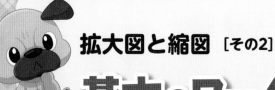
拡大図と縮図 [その2]

基本のワーク

学習の目標・
拡大図や縮図を、いろいろな方法でかけるようになろう。

教科書 176〜180ページ　　答え 23ページ

基本 ❶ 合同な三角形のかき方を使って、拡大図や縮図をかくことができますか。

☆ 右の三角形アイウを 2 倍に拡大した三角形 ABC をかきましょう。

とき方 2 倍の拡大図では、もとの図形と角の大きさは等しく、対応する辺の長さはすべて 2 倍になります。次の《1》〜《3》のように、合同な三角形のかき方を使ってかきましょう。

《1》 3 辺の長さを使う。

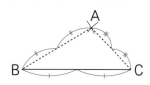

《2》 2 辺の長さとその間の角度を使う。

《3》 1 辺の長さとその両はしの角度を使う。

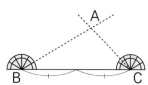

答え

B •

❶ 右の四角形アイウエの $\frac{1}{2}$ の縮図をかきましょう。　📖教科書 176ページ❸

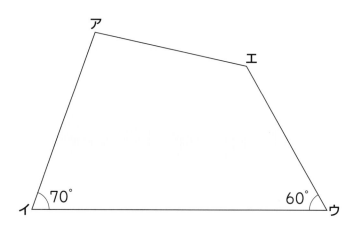

ものさしで辺の長さを調べるといいね。

さんすうはかせ コピー機を使うと、拡大図や縮図を簡単につくることができるね。コピーするときの倍率は百分率で表示されるよ。

基本 2 頂点を中心にした三角形の拡大図がかけますか。

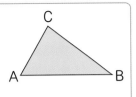

☆ 右の三角形ABCの辺 AB、辺ACをのばして、2倍にした拡大図の三角形ADEをかきましょう。

答え

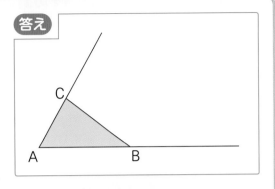

とき方 辺ABをのばして、その直線上にADの長さがABの長さの □ 倍になる点Dをとります。同じように、辺ACをのばして、その直線上にAEの長さがACの長さの □ 倍になる点Eをとって、DとEを直線で結びます。三角形ADEは、頂点 □ を中心にして2倍にした □ 図といいます。

コンパスで、辺の長さをうつすと、はからなくても2倍の長さがかけるよ。

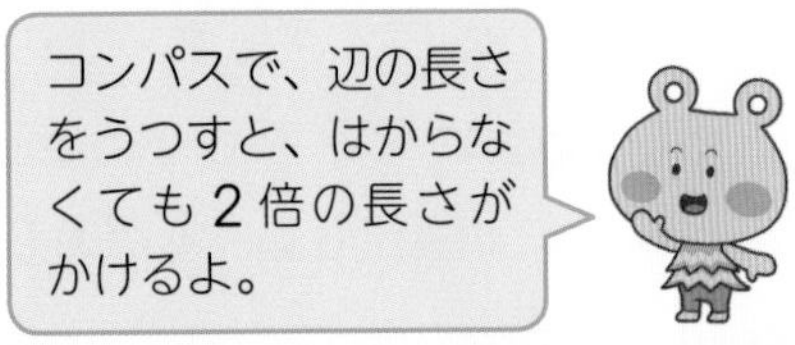

② 右の三角形ABCを、頂点Bを中心にして2倍にした拡大図をかきましょう。

📖 教科書 178ページ 4

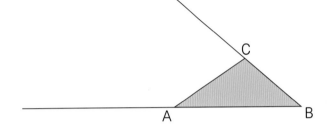

基本 3 頂点を中心にした多角形の拡大図や縮図がかけますか。

☆ 右の四角形ABCDを、頂点Aを中心にして2倍に拡大した四角形を、右の図に重ねてかきましょう。

とき方 対角線ACをひいて、2つの三角形ABCとACDに分けて、三角形の拡大図をかくのと同じようにしてかきます。

答え 問題の図に記入

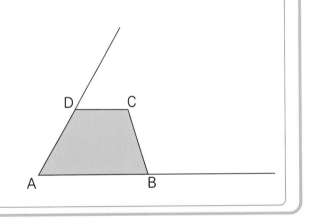

③ 基本3 の四角形ABCDを、頂点Aを中心にして $\frac{1}{2}$ にした縮図を、上の図に重ねてかきましょう。

📖 教科書 179ページ 5

ポイント コンパスは円をかくだけでなく、長さをうつすときにも使えます。拡大図をかくときは、コンパスをうまく利用しましょう。

⑪ 拡大図と縮図

拡大図と縮図 [その3]

基本のワーク

勉強した日　月　日

学習の目標・
縮図での長さと実際の長さとの関係を考えよう。

教科書 181～183ページ　答え 24ページ

基本 ① 縮図から実際の長さを求めることができますか。

☆ 右の図は、学校の校舎を縮図で表したものです。

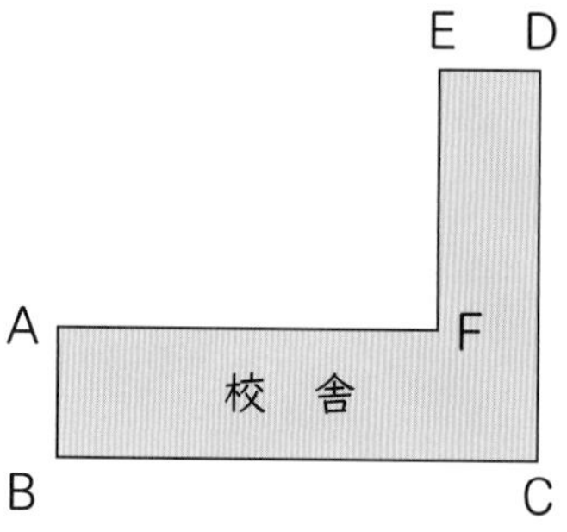

❶ この縮図では、CD の実際の長さ 60m を 3cm に縮めて表しています。この縮図で 1cm の長さは、実際には何 m になるでしょうか。また、何 cm になるでしょうか。

❷ この縮図は、実際の長さを何分の 1 に縮めているでしょうか。

❸ AB、BC の実際の長さは、何 m でしょうか。

とき方 ❶ 1cm は 3cm の ☐ の長さなので、60×☐＝☐m

また、☐m＝☐cm　　　**答え** ☐m、☐cm

❷ 実際の長さ ☐cm を 1cm に縮めているので、☐　　**答え** ☐

実際の長さを縮めた割合のことを ☐ といい、次のような表し方があります。

$\dfrac{1}{2000}$　　　1：2000　　　0　20　40　60m

❸ 縮図の長さをはかると、AB は 1cm、BC は 3.8cm です。
実際の長さは、AB が、1×2000＝2000(cm)　2000cm＝☐m
BC が、3.8×2000＝☐(cm)　☐cm＝☐m

答え AB ☐m　BC ☐m

1 上の **基本①** の図で、EF の実際の長さは何 m でしょうか。　　📖**教科書** 181ページ**7**

(　　　　　　　)

2 右の地図について答えましょう。　📖**教科書** 181ページ**7**

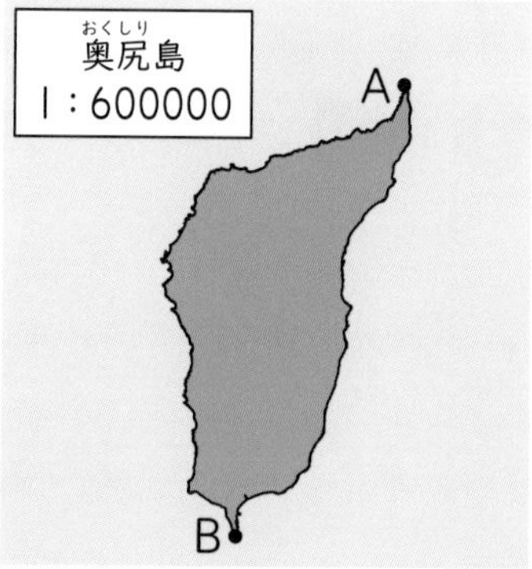

❶ 地図上で 1cm の長さは、実際には何 km でしょうか。

(　　　　　　　)

❷ A地点から B地点までの実際のきょりは、何 km でしょうか。

(　　　　　　　)

奥尻島
1：600000

さんすうはかせ　「縮図」という言葉は、算数以外でも使われることがあるよ。「社会の縮図」とかね。

☆ しょうたさんは、縮図を使って木の高さを求めようと考えました。木から 10m はなれたところから、木のてっぺんを見上げる角度をはかったところ 30° でした。

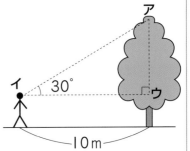

① 図の三角形アイウの $\frac{1}{200}$ の縮図になるような三角形をかきましょう。

② 地面から、しょうたさんの目までの高さは 140cm です。実際の木の高さは何 m でしょうか。

とき方 ① 10m の長さは、$\frac{1}{200}$ の縮図では ☐ cm で表されます。

辺**イウ**に対応する辺をかいてから、両はしの角度 30°、90° を使って、点**ア**に対応する点をかきましょう。

② 縮図で辺**アウ**に対応する辺の長さをはかると約 2.9cm です。実際の**アウ**の長さは、

2.9×200＝ ☐ (cm)

したがって、木の高さは、

☐ ＋140＝ ☐ (cm)

☐ cm＝ ☐ m

答え

答え ☐ m

③ 右のように、池をはさんで 2 本の木 A、B が立っています。図の C 地点からそれぞれの木までのきょりをはかったところ、AC の長さは 24m、BC の長さは 20m で、角 C の大きさは 60° でした。A と B の間のきょりは何 m でしょうか。$\frac{1}{500}$ の縮図をかいて求めましょう。

📖 **教科書** 182ページ

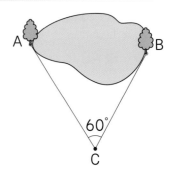

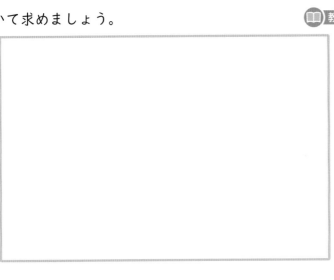

( )

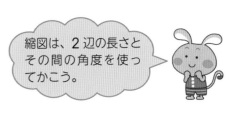

縮図は、2 辺の長さとその間の角度を使ってかこう。

ポイント 「縮図」では cm の単位を使うことが多く、実際の長さは m や km で表すことが多いので、単位には注意しましょう。1m＝100cm 1km＝1000m＝100000cm

89

⑪ 拡大図と縮図

練習のワーク

できた数

/8問中

教科書 170〜186ページ　答え 24ページ

1 拡大図と縮図　あの拡大図、縮図を下の○いから○おの中から選びましょう。

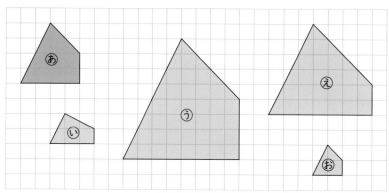

あの拡大図（　　　　）

あの縮図（　　　　）

2 拡大図のかき方　**1**の○おの3倍の拡大図をかきましょう。

3 縮図の性質　右の四角形の $\frac{1}{2}$ の縮図について、次の辺の長さや角の大きさを答えましょう。

❶　辺 AB に対応する辺の長さ

（　　　　　　　）

❷　辺 CD に対応する辺の長さ

（　　　　　　　）

❸　角 C に対応する角の大きさ

（　　　　　　　）

4 縮尺と実際の長さ　縮尺が $\frac{1}{5000}$ の縮図があります。

❶　この縮図で3cm の長さは、実際には何 m になるでしょうか。

（　　　　　　　）

❷　0.8km のきょりは、この縮図では何 cm になるでしょうか。

（　　　　　　　）

てびき

1 拡大図と縮図

たいせつ

もとの図を、
形を変えないで
大きくした図
→ 拡大図
形を変えないで
小さくした図
→ 縮図

2 拡大図のかき方
対応する辺の長さは、
もとの図の3倍になります。

3 縮図の性質
❶❷　対応する辺の長さは $\frac{1}{2}$ になります。

❸　対応する角の大きさは等しくなります。

4 縮尺
実際の長さは縮図上の長さの5000倍、縮図上の長さは実際の長さの $\frac{1}{5000}$ になります。

さんこう

正三角形、正方形、正五角形、正六角形、円などは、いつも拡大図と縮図の関係になっています。

できるナビ　拡大図、縮図では、対応する辺の長さの比が等しい。
対応する角の大きさが等しい。

まとめのテスト

得点

/100点

教科書 170〜186ページ　答え 24ページ

1 よく出る 右の台形の 4 倍の拡大図について答えましょう。

1つ12〔36点〕

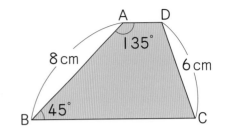

① 辺 AB に対応する辺の長さは何 cm になるでしょうか。

（　　　　　　　　　）

② 辺 CD に対応する辺の長さは何 cm になるでしょうか。

（　　　　　　　　　）

③ 角 B に対応する角の大きさは何度になるでしょうか。

（　　　　　　　　　）

2 右の三角形ABC を、頂点A を中心にして 2 倍にした拡大図をかきましょう。

また、頂点A を中心にして $\frac{1}{2}$ にした縮図をかきましょう。　　1つ13〔26点〕

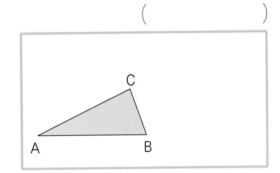

3 縮尺が $\frac{1}{3000}$ の縮図があります。　　1つ13〔26点〕

① この縮図で 4 cm の長さは、実際には何 m になるでしょうか。

（　　　　　　　　　）

② 21 m のきょりは、この縮図では何 cm になるでしょうか。

（　　　　　　　　　）

4 縦の長さが 7 cm、横の長さが 10 cm の長方形があります。この長方形の 3 倍の拡大図の面積は、もとの長方形の面積の何倍になるでしょうか。　　〔12点〕

（　　　　　　　　　）

 チェック ✓　☐ 拡大図・縮図をかくことはできたかな？
☐ 縮図を利用して、実際の長さを求めることはできたかな？

学びのワーク

教科書 187〜189ページ　答え 25ページ

基本 ❶ およその面積を求めることができますか。

☆ 右の地図を使って、秋田県の
およその面積を、上から 2
けたの概数で求めましょう。

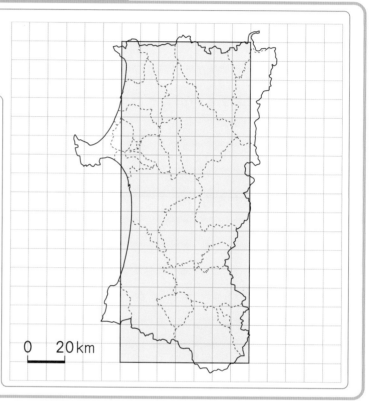

0　20km

とき方　秋田県の形を長方形とみて
求めます。

方眼の 1 目もりが □ km で、
長方形の縦は 17 目もりだから、

□ × 17 = □ (km)

横は 7 目もりだから、

□ × 7 = □ (km)

したがって、面積は、

□ × □ = □

より、約 □ km²

答え 約 □ km²

❶ 次のような形のおよその面積を求めましょう。

📖教科書 187ページ❶

❶ 右のような葉の面積

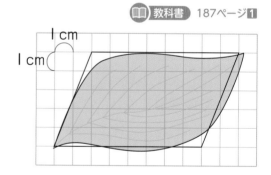

1 cm

1 cm

(　　　　　)

❷ 右のような標識の面積

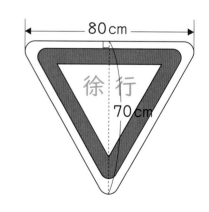

80 cm

徐行

70 cm

(　　　　　)

☆ 右のような形をしたゴミ箱を四角柱とみて、およその体積を
求めましょう。

とき方　底面が１辺 30 cm の正方形で、高さが 40 cm の四角柱
とみて計算します。

底面積は、

□×□=□（cm²）

だから体積は、

□×□=□（cm³）

答え 約 □ cm³

---

2 次のような形のおよその体積を、上から２けたの概数で求めましょう。

📖教科書 189ページ**2**

❶　右のようなジャムのびん

（　　　　　）

❶は円柱、❷は直方体
とみて計算しよう。

❷　右のようなランドセル

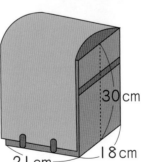

（　　　　　）

---

3 右のような木の切り株のおよその体積を、次のような立体とみ
て、上から２けたの概数で求めましょう。　📖教科書 189ページ**2**

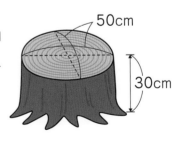

❶　底面が１辺 50 cm の正方形で、高さが 30 cm の四角柱（直
方体）とみて求める。

（　　　　　）

❷　円柱とみて求める。

（　　　　　）

ポイント　およその面積や体積を求めるときは、長方形、三角形、四角柱、円柱など、面積や体積の求
め方がわかっている図形におきかえて計算します。

⑫ 並べ方と組み合わせ

並べ方と組み合わせ [その1]

基本のワーク

教科書 194～201ページ　答え 25ページ

学習の目標・
並べ方や組み合わせが
何通りあるかを調べら
れるようになろう。

基本 ①　並べ方が何通りあるか調べることができますか。

☆ ①、②、③、④ の 4 枚の数字カードがあります。この数字カードを 1 枚ずつ使って、4
けたの整数をつくります。できる 4 けたの整数は全部で何通りあるでしょうか。

とき方　右のような図をかいて調べます。千の位が
①のときは、右のように □ 通りあります。
　千の位が②、③、④のときも同じように □ 通り
ずつあるので、4 けたの整数は全部で、
　　□ ×4= □

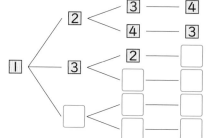

さんこう
千の位が 2、3、4 の 4 けたの整数
2134、2143、2314、2341、2413、2431、
3124、3142、3214、3241、3412、3421、
4123、4132、4213、4231、4312、4321

答え □ 通り

❶ ド、ミ、ソの 3 つの音を順番にひきます。ひく順番は全部で何通りあるでしょうか。

📖 教科書 195ページ**①**

（　　　　　　　　）

基本 ②　2 つを決める方法を調べることができますか。

☆ 赤、青、黄、緑の 4 色の中から 2 色を使って、右のようなカードに色
をぬります。ぬり方は全部で何通りあるでしょうか。

とき方　まずあにぬる色を決めて、そのと
きにいにぬる色を順序よく調べます。すべ
ての場合は右のようになるので、全部で
□ 通りあります。　**答え** □ 通り

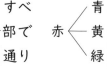

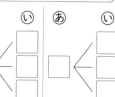

❷ しんじさん、くみさん、あつしさん、みきさんの 4 人の中から、図書委員と給食委員を 1
人ずつ決めます。決め方は全部で何通りあるでしょうか。

📖 教科書 198ページ**③**

（　　　　　　　　）

94

　**基本 ①** のような図のことを「樹形図」というよ。木が枝分かれしたような形をしているか
らついた名前だよ。

☆ A、B、C、D の 4 人がしょうぎの対戦をします。どの人とも 1 回ずつ対戦をすると、対戦の組み合わせは、全部で何通りあるでしょうか。

とき方 組み合わせを全部書いたり、図や表を使ったりして、落ちや重なりのないように数えましょう。求め方はいろいろ考えられます。

《1》 組み合わせを全部書くと、右のようになります。あいているところをうめましょう。

A—B と B—A は同じ組み合わせだから、重ねて数えないように B—A を消しているんだね。

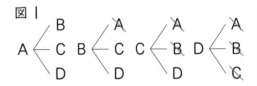

A の対戦　A—B　A—C　□
B の対戦　B̶—̶A̶　□　B—D
C の対戦　C̶—̶A̶　C̶—̶B̶　□
D の対戦　D̶—̶A̶　D̶—̶B̶　D̶—̶C̶

《2》 右の図1のように、並べ方と同じような図を使って組み合わせを全部書き、同じ組み合わせは消します。

図1

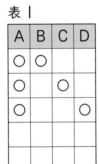

《3》 表を使って調べます。

表1は、1段目がAとBの対戦、2段目がAとCの対戦、3段目がAとDの対戦を表しています。つづきをかきましょう。

表2は、○のところが対戦の組み合わせを表しています。対角線から下の部分は使いません。

《4》 多角形をかいて、頂点と頂点を結ぶ線が対戦の組み合わせを表すようにして調べます。4人の組み合わせを調べるときは、図2のように多角形は四角形になります。

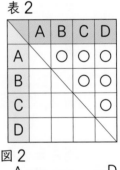

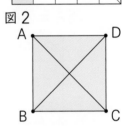

図2

答え □ 通り

3 赤、青、黄、緑、茶の 5 枚の折り紙の中から 2 枚を選びます。　📖教科書 199ページ④

① 2 枚の組み合わせを全部書きましょう。

② 組み合わせは全部で何通りあるでしょうか。

ポイント 並べ方ではA—BとB—Aはちがうものとして数え、組み合わせでは同じものとして一方だけを数えます。例…1と2の並べ方は12と21の2通り、組み合わせは1通りです。

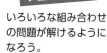

学習の目標・
いろいろな組み合わせ
の問題が解けるように
なろう。

並べ方と組み合わせ［その2］

基本のワーク

教科書 201〜203ページ　　答え 25ページ

基本 ❶　Ｉつを除いて選ぶ組み合わせが何通りあるかわかりますか。

☆ バニラ、チョコ、マンゴー、キャラメルの 4 種類のソフトクリームがあります。この
中から 3 種類を選んで買うとき、ソフトクリームの組み合わせが全部で何通りあるか
考えます。

❶　右の表のつづきをかいて、ソフトクリームの組み合わせを調べましょう。

❷　ソフトクリームの組み合わせは、全部で何通りあるでしょうか。

ⓑ	ⓒ	ⓜ	ⓚ
○	○	○	

とき方　❶　表の Ｉ 段目は、バニラ、チョコ、マンゴーの組み合
わせを表しています。各段に 3 つずつ○をかいていきましょう。

答え　問題の表に記入

❷　❶の表から、組み合わせは ☐ 通りとわかります。ここで、ちがう見方をしてみま
しょう。3 種類を選ぶとき、残す Ｉ 種類を決めると選ぶ 3 種類は自動的に決まります。
つまり、4 種類の中から 3 種類を選ぶということは、残す Ｉ 種類を選ぶことと同じな
のです。

下の表から、4 種類の中から残す Ｉ 種類を選ぶ選び方は、☐ 通りとなります。

ⓑ	ⓒ	ⓜ	ⓚ
○	○	○	
○	○		○
○		○	○
	○	○	○

➡

ⓑ	ⓒ	ⓜ	ⓚ
			×
		×	
	×		
×			

「残す Ｉ 種類を選ぶ」と
考えるほうが簡単だね。

答え　☐ 通り

---

❶ あつしさん、みきさん、けんじさん、ゆみさん、しんやさんの 5 人の中から、4 人のそう
じ当番を決めます。4 人の組み合わせは、何通りあるかを調べます。

教科書 201ページ 5

❶　右の表のつづきをかいて、そうじ当番の組み合わせを調べましょう。

ⓐ	ⓜ	ⓚ	ⓨ	ⓛ
○	○	○	○	

❷　4 人の組み合わせは、全部で何通りあるでしょうか。

(　　　　　　　　　)

さんすうはかせ　英語では「並べ方」をpermutation（パーミュテーション）、「組み合わせ」をcombination
（コンビネーション）というんだって。

☆ みきさんは、お母さんとレストランに行きました。それぞれ、メインディッシュとサラダと飲み物を 1 品ずつ注文することにします。

メインディッシュ		サラダ	
ハンバーグ	850 円	海せんサラダ	400 円
オムライス	800 円	野菜サラダ	300 円
パスタ	780 円	ポテトサラダ	280 円

飲み物	コーヒー	350 円
	紅茶	320 円
	ジュース	300 円

❶ みきさんは、メインディッシュをオムライスに決めました。
サラダと飲み物の選び方は全部で何通りあるでしょうか。

❷ お母さんは、メインディッシュとサラダと飲み物で 1400 円以下になるように選ぶことにしました。考えられる選び方は全部で何通りあるでしょうか。

とき方 ❶ 右の図より、□ 通りです。　　**答え** □ 通り

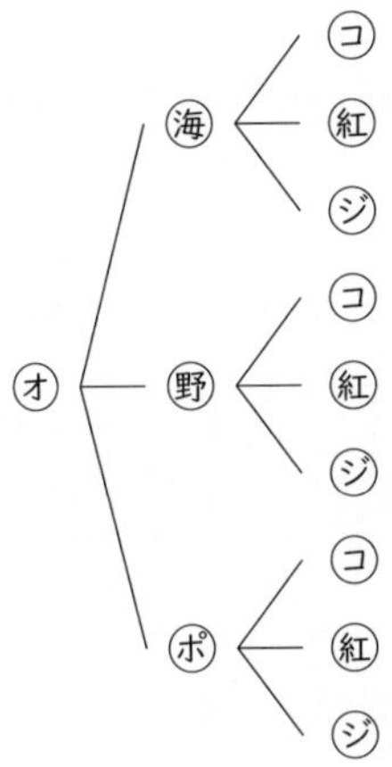

❷ メインディッシュがハンバーグのときも、パスタのときも、サラダと飲み物の選び方は❶と同じようにそれぞれ 9 通りあるので、メインディッシュとサラダと飲み物の選び方は、全部で、

□×3=□ （通り）

これを順に調べていきましょう。

・メインディッシュがハンバーグのとき、1400－850＝550
　→ サラダと飲み物の値段を、合わせて 550 円以下にします。
　サラダと飲み物の値段は、下の図のようになります。

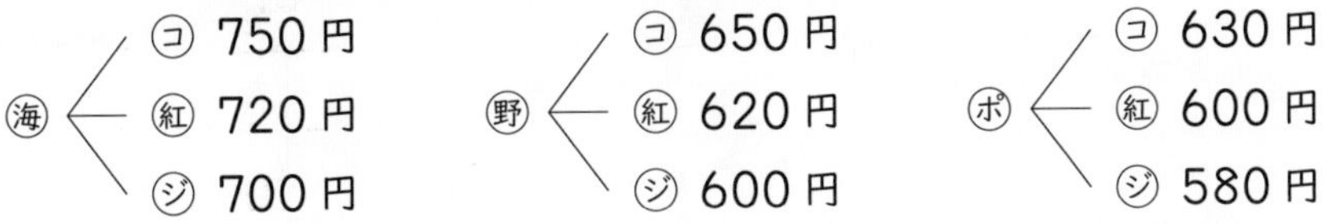

海 ← コ 750 円 / 紅 720 円 / ジ 700 円　　野 ← コ 650 円 / 紅 620 円 / ジ 600 円　　ポ ← コ 630 円 / 紅 600 円 / ジ 580 円

　いちばん安くても 580 円なので、合計を 1400 円以下にすることはできません。

・メインディッシュがオムライスのとき、1400－800＝600
　→ サラダと飲み物の値段を、合わせて 600 円以下にします。
　→ 野ージ、ポー紅、ポージの 3 通りあります。

・メインディッシュがパスタのとき、1400－780＝620
　→ サラダと飲み物の値段を、合わせて 620 円以下にします。
　→ 野ー紅、野ージ、ポー紅、ポージの 4 通りあります。

したがって、合計が 1400 円以下になる選び方は、

3＋4=□ （通り）　　**答え** □ 通り

❷ 上の 基本2 で、お母さんが選んだものの代金は 1380 円だったそうです。考えられる選び方を全部書きましょう。

教科書 203ページ

ポイント 組み合わせるものの種類が多いとき、落ちや重なりがないように、規則的に、順序よく数えましょう。

練習のワーク①

教科書 194〜205ページ　答え 26ページ

できた数
／5問中

1 並べ方　けんじさん、ゆみさん、たくやさん、みきさんの4人が1つのベンチに座ります。4人並んで座る座り方は、全部で何通りあるでしょうか。

（　　　　　　　）

2 2つを選ぶ並べ方　赤、ピンク、黄、青の4色のリボンが1つずつあります。お姉さんとゆきさんで1つずつ選ぶとき、2人のリボンの選び方は、全部で何通りあるでしょうか。

（　　　　　　　）

3 組み合わせ　けいすけさん、お父さん、お母さん、お姉さんの4人でゲームをしました。4人とも、ほかの3人と1回ずつ対戦します。対戦の組み合わせは、全部で何通りあるでしょうか。

（　　　　　　　）

4 1つを除いて選ぶ組み合わせ　トランプのハート、スペード、ダイヤ、クラブの4種類のエースが1枚

ずつあります。この中から3枚を選ぶとき、3枚の組み合わせは、全部で何通りあるでしょうか。

（　　　　　　　）

5 選び方の問題　A町からB町への行き方は、電車、車、バスの3通り、B町からC町への行き方は自転車、船、歩

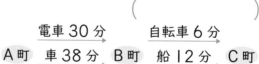

きの3通りがあります。A町からB町を通ってC町まで50分以内に行ける行き方は、全部で何通りあるでしょうか。ただし、待ち時間は考えません。

（　　　　　　　）

てびき

1 並べ方

ヒント まず、左はしにけんじさんが座るとして、残りの3人の座り方が何通りあるか調べましょう。

2 2つを選ぶ並べ方
お姉さんの色を決めてから、ゆきさんの色を調べるとわかりやすいでしょう。

3 組み合わせ
図や表に整理して調べましょう。

4 1つを除いて選ぶ組み合わせ
4枚の中から3枚を選ぶのと、残す1枚を選ぶのは同じことです。

5 選び方の問題
それぞれの組み合わせで何分かかるかを順番に調べましょう。

できるナビ　落ちや重なりがないように調べるために、図や表を利用しよう。

練習のワーク❷

教科書 194〜205ページ　答え 26ページ

1 並べ方　⓪、①、③、⑤の 4 枚の数字カードがあります。この数字カードを 1 枚ずつ使って、4 けたの整数をつくります。できる 4 けたの整数を全部書きましょう。

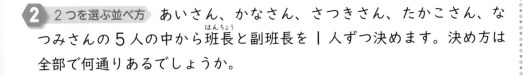

2 2つを選ぶ並べ方　あいさん、かなさん、さつきさん、たかこさん、なつみさんの 5 人の中から班長と副班長を 1 人ずつ決めます。決め方は全部で何通りあるでしょうか。

(　　　　　　　)

3 組み合わせ　いちごショートケーキ、シュークリーム、チョコレートケーキ、プリン、チーズケーキの 5 種類の中から 2 種類を選びます。組み合わせは全部で何通りあるでしょうか。

(　　　　　　　)

4 1つを除いて選ぶ組み合わせ　りんご、バナナ、オレンジ、グレープフルーツ、メロンの 5 種類の果物の中から 4 種類を選びます。果物の組み合わせは、全部で何通りあるでしょうか。

(　　　　　　　)

5 選び方の問題　果物とスープのかんづめを 1 個ずつ買います。750 円以下で買える選び方は、全部で何通りあるでしょうか。

果物のかんづめ		スープのかんづめ	
もも	480 円	ポタージュ	350 円
みかん	420 円	野菜	280 円
洋なし	380 円	卵	250 円

(　　　　　　　)

てびき

1 並べ方

ちゅうい

0135 のように、千の位に 0 をおくことはできません。

2 2つを選ぶ並べ方

班長を決めてから、副班長の決め方を調べましょう。

3 組み合わせ

五角形の図に対角線をかいて調べることもできます。

4 1つを除いて選ぶ組み合わせ

残す 1 つを決めると、4 つの組み合わせは自動的に決まります。

5 選び方の問題

順序よく組み合わせを考えて、それぞれの合計金額を計算します。

できるナビ　○個の中から(○−1)個を選ぶ組み合わせの選び方は、残す 1 個を選ぶのと同じことだから、選び方は○通りだよ。

まとめのテスト

時間 20分

得点

/100点

教科書 194〜205ページ　　答え 26ページ

1 ゆみさんはミニ動物園へ行きました。ミニ動物園には、うさぎ、やぎ、くじゃくがいます。これらの動物を見る順番は、全部で何通りあるでしょうか。〔20点〕

(　　　　　　　)

2 よく出る ③、④、⑤、⑥の 4 枚の数字カードがあります。この数字カードから 2 枚を使って、2 けたの整数をつくります。できる 2 けたの整数を全部書きましょう。〔20点〕

(　　　　　　　)

3 よく出る しんじさんは、算数、国語、理科、社会の中から 2 教科を選んで勉強しようと思いました。2 教科の組み合わせは、全部で何通りあるでしょうか。〔20点〕

(　　　　　　　)

4 さとしさんはお祭りに行きました。輪投げ、ヨーヨーつり、金魚すくい、的当ての 4 種類のうち、3 種類で遊びます。3 種類の組み合わせは、全部で何通りあるでしょうか。〔20点〕

(　　　　　　　)

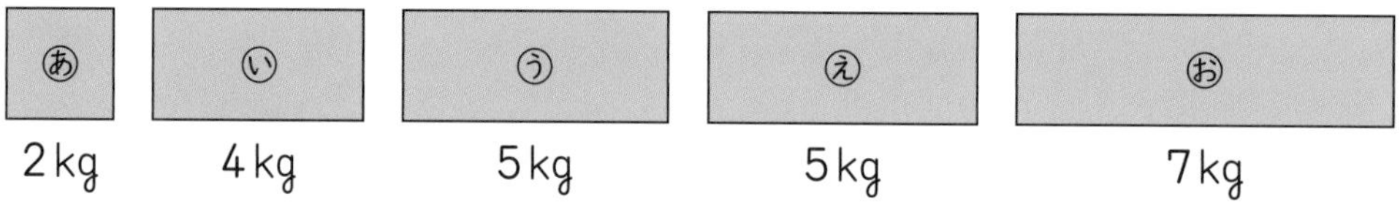

ふろくの「計算練習ノート」24〜26ページをやろう！

チャレンジ！

5 下の図のような重さの 5 個の商品があります。この 5 個の商品から 3 個を選び、重さの合計が 15kg 以下になるようにして送りたいと思います。選ぶ商品の組み合わせは全部で何通りあるでしょうか。〔20点〕

あ	い	う	え	お
2kg	4kg	5kg	5kg	7kg

(　　　　　　　)

チェック ✓　□ 並べ方と組み合わせのちがいがわかったかな？
□ 図や表をかいて調べることができたかな？

● 算数を使って考えよう

学びのワーク

教科書 206～209ページ 答え 27ページ

基本 1 データを利用することができますか。

☆ 6年2組の30人の10点満点の算数の小テストの点数を調べました。右のドットプロットは、その結果です。
右のデータの平均値、最ひん値、中央値を求めましょう。

算数の小テスト調べ（6年2組 30人）

1 2 3 4 5 6 7 8 9 10 (点)

とき方 平均値…(2×2+3×2+4×3+5×6+6×3+7×2+8×7+9×4+10×1)÷30

= □ ÷30 = □ (点)

最ひん値…最も多く出てくる値だから、□点

中央値…データを小さい順に並べたとき、まん中になるのは15番目と16番目だから、

□点

答え 平均値 □ 点　最ひん値 □ 点　中央値 □ 点

1 基本1 のテストの点数について、さとしさんの点数は7点でした。学級全体の中で、さとしさんの点数は高いほうでしょうか、低いほうでしょうか。データの平均値を使って、理由も説明しましょう。　📖教科書 206ページ 1

2 基本1 のドットプロットについて、学級全体の点数を、2点以上4点以下、5点以上7点以下、8点以上10点以下の3つの階級に分けて、それぞれの割合を百分率で求めましょう。また、その割合を下の円グラフにかきましょう。割合がわり切れないときは、小数第一位で四捨五入して、整数で答えましょう。　📖教科書 206ページ 1

小テスト調べ（30人）

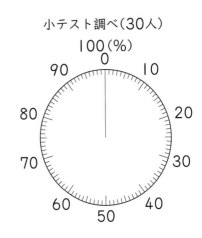

2点以上4点以下 (　　　　　)

5点以上7点以下 (　　　　　)

8点以上10点以下 (　　　　　)

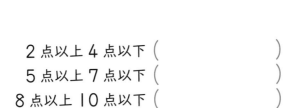 **ポイント** データの代表値を使い分けることで、データを正確に分析することができます。

面積を利用することができますか。

☆ 学校の行事で、6年2組は的当てゲームを行うことにな
りました。的は、右のような円の形にして5cmずつ区
切っていきます。この円全体の面積は何cm² でしょうか。

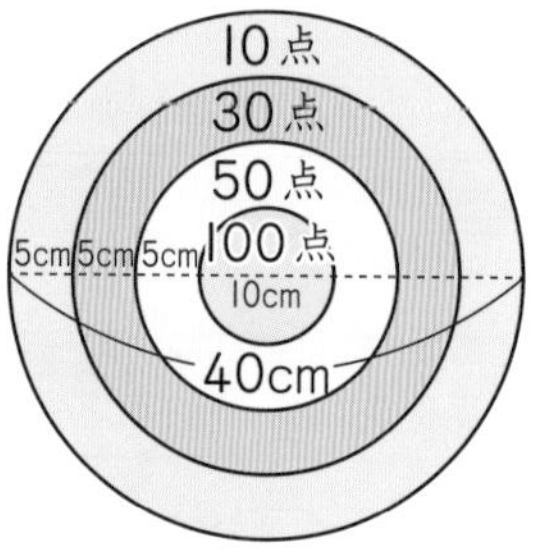

とき方 円全体の半径は、□×4=□(cm)だから、

□×□×3.14=□(cm²)

答え □ cm²

3 基本2 の的について、次の問題に答えましょう。 📖 教科書 208ページ2

① 50点の部分の面積は、100点の部分の面積の何倍になりますか。

( )

② 10点の部分の面積は、100点の部分の面積の何倍になりますか。

( )

基本 3 反比例の考えを利用することができますか。

☆ 学校の行事で、6年2組はかざりを180個作ることにしました。1人でかざりを1
個作るのに4分かかるとします。30分で作るには、何人で作ればよいでしょうか。

とき方 1人で作ると、4×□=□(分)
かかります。人数を x 人、かかる時間を y 分とし
てまとめたものが、右の表です。これより、y は

人数 x(人)	1	2	3	4
時間 y(分)	720	360	240	180

x に□しているので、30分で作るとき、求める人数は、720÷30=□より、

□人と計算することができます。 **答え** □ 人

4 6年1組はかざりを140個作ることにしました。1人でかざりを1個作るのに5分かか
るとします。25分で作るには、何人で作ればよいでしょうか。 📖 教科書 208ページ2

( )

まとめのテスト❶

1 □ にあてはまる数を書きましょう。　　　1つ5〔10点〕

① $4.827 = 1 \times \boxed{} + 0.1 \times \boxed{} + 0.01 \times \boxed{} + 0.001 \times \boxed{}$

② 5兆の $\dfrac{1}{100}$ の数は $\boxed{}$ です。

2 四捨五入して、（ ）の中の位までの概数で表しましょう。　　　1つ6〔12点〕
① 12345（千の位）　　　　② 40983000（十万の位）

　　　　　　　　（　　　　　　　）　　　　　　　（　　　　　　　）

3 （ ）の中の数の最小公倍数を求めましょう。　　　1つ5〔10点〕
① （4、5）　　　　② （9、18、27）

　　　　　　　　（　　　　　　　）　　　　　　　（　　　　　　　）

4 （ ）の中の数の最大公約数を求めましょう。　　　1つ5〔10点〕
① （18、24）　　　　② （16、28、36）

　　　　　　　　（　　　　　　　）　　　　　　　（　　　　　　　）

5 ⑤、⑥、⑦、⑧の4枚の数字カードを使ってできる4けたの整数で、いちばん小さい奇数と、いちばん大きい偶数を書きましょう。　　　1つ5〔10点〕

奇数（　　　　　　　）　偶数（　　　　　　　）

6 次の分数を約分しましょう。　　　1つ6〔18点〕

① $\dfrac{4}{8}$　　　② $\dfrac{12}{15}$　　　③ $\dfrac{56}{24}$

　（　　　　　）　　　（　　　　　）　　　（　　　　　）

7 （ ）の中の分数を通分しましょう。　　　1つ6〔12点〕

① $\left(\dfrac{2}{3}, \dfrac{1}{9}\right)$　　　② $\left(\dfrac{1}{4}, \dfrac{3}{10}, \dfrac{5}{12}\right)$

　　　（　　　　　　　）　　　　　（　　　　　　　）

8 数の大小を比べて、□ に不等号を書きましょう。　　　1つ6〔18点〕

① $\dfrac{4}{7} \boxed{} \dfrac{3}{5}$　　　② $0.4 \boxed{} \dfrac{3}{8}$　　　③ $1.2 \boxed{} 1\dfrac{1}{6}$

□ 数のしくみを理解することはできたかな？
□ これまでに学習した数のしくみを、使うことはできたかな？

勉強した日 ▶　　月　　日

まとめのテスト❷

時間 **20** 分

得点

/100点

教科書 **218〜219ページ**　答え **27ページ**

1 整数、小数の計算をしましょう。　　　　　　　　　　　　　　　　1つ5〔50点〕

① 3781＋6924

② 4053−3955

③ 632×507

④ 6045÷15

⑤ 5.43＋7.37

⑥ 8−0.61

⑦ 2.3×9.3

⑧ 6.25×4.68

⑨ 26.6÷7.6

⑩ 19.24÷1.85

2 16.1kg の砂を 3.8kg ずつふくろに入れていきます。3.8kg のふくろは何ふくろできて、何kg あまるでしょうか。　　　　　　　　　　　　　　　　　　1つ5〔10点〕

式

答え （　　　　　　　　　　　　　　　　　　）

3 9m² の花だんを 5 等分すると、1つ分の面積は何m² になるでしょうか。小数と分数で求めましょう。　　　　　　　　　　　　　　　　　　　　　　1つ5〔10点〕

小数 （　　　　　　　）　分数 （　　　　　　　）

4 分数の計算をしましょう。　　　　　　　　　　　　　　　　　　1つ5〔30点〕

① $\frac{1}{3}+\frac{2}{7}$

② $1\frac{1}{6}-\frac{3}{10}$

③ $\frac{2}{3}-\frac{3}{8}+\frac{1}{2}$

④ $\frac{2}{5}\times\frac{8}{9}$

⑤ $\frac{9}{7}\div\frac{3}{4}$

⑥ $\frac{15}{16}\div\frac{1}{2}\times\frac{3}{10}$

□ 計算をまちがえずにすることはできたかな？
□ 文章題をまちがえずに解くことはできたかな？

● 算数のまとめ　■計算のきまりと式

まとめのテスト❸

時間 **20**分

得点

/100点

教科書 220ページ　答え 28ページ

1 □にあてはまる数を書きましょう。

1つ10〔40点〕

① $1.6 + 3.65 = \boxed{} + 1.6$

② $\dfrac{3}{5} \times \dfrac{7}{2} = \boxed{} \times \dfrac{3}{5}$

③ $6.9 \times 2.5 \times 4 = 6.9 \times (\boxed{} \times 4)$

④ $\left(\dfrac{5}{6} + \dfrac{2}{9}\right) \times 18 = \dfrac{5}{6} \times \boxed{} + \dfrac{2}{9} \times \boxed{}$

2 計算をしましょう。

1つ10〔40点〕

① $85 - (42 - 27)$

② $45 - 76 \div 19$

③ $14 \times 3 - 64 \div 8$

④ $17 \times 3 + 4 - 9 \times 4$

3 右のように並んだご石の数を求めます。

$5 \times 4 - 4$ の式に合う図を、下の㋐から㋒の中から選びましょう。

〔10点〕

㋐ 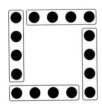　　㋑ 　　㋒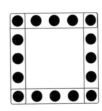

(　　　　　)

4 1mの重さが70gの針金があります。この針金からxmを切り取ったら、その重さは245gでした。切り取った針金の長さは何mでしょうか。

1つ5〔10点〕

式

答え (　　　　　)

□ 計算のきまりを使うことはできたかな？
□ 文章から式をつくることはできたかな？

まとめのテスト④

教科書 221〜222ページ　答え 28ページ

時間 20分

得点 /100点

1 次のような四角形をかきましょう。　〔15点〕

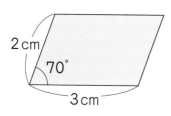

2 cm　70°　3 cm

（平行四辺形）

2 下の⑥から⑤の角度を求めましょう。　1つ10〔20点〕

❶

70°　80°　⑥

❷

（正五角形）

⑥（　　　　　）

⑥（　　　　　）　⑤（　　　　　）

3 次のような図形の周りの長さを求めましょう。　〔15点〕

6 cm

（　　　　　）

4 下の図で、❶は直線アイを対称の軸とした線対称な図形の半分で、❷は点○を対称の中心とした点対称な図形の半分です。それぞれ残りの半分をかきましょう。　1つ15〔30点〕

❶

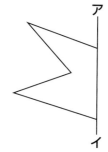

ア

イ

❷

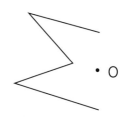

・○

5 $\frac{1}{2000}$ の縮図で、長さ4cmの道の実際の長さは何mでしょうか。　1つ10〔20点〕

式

答え（　　　　　）

チェック✔
□ 平面図形の角度や長さを求めることはできたかな？
□ 平面図形の性質を理解することはできたかな？

まとめのテスト❺

時間 20分

得点

/100点

教科書 223ページ　答え 29ページ

1 右の直方体について、次の面や辺をすべて答えましょう。 1つ10〔40点〕

❶ 面⑪と平行な面

(　　　　　)

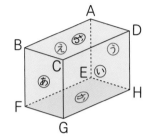

❷ 面⑫と垂直な面

(　　　　　)

❸ 辺DHと平行な辺

(　　　　　)

❹ 辺ADと垂直な辺

(　　　　　)

2 右の展開図を組み立ててできる立方体について、
次の面、辺、頂点をすべて答えましょう。 1つ15〔45点〕

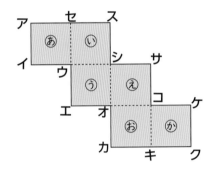

❶ 面⑪と平行な面

(　　　　　)

❷ 辺オカと重なる辺

(　　　　　)

❸ 頂点サと重なる頂点

(　　　　　)

3 下のような円柱の展開図をかきましょう。 〔15点〕

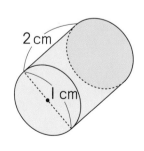

□ 図をかいて立体図形の問題を考えることができたかな?
□ これまでに学習した立体図形の性質を、使うことができたかな?

まとめのテスト❻

時間 **20**分

得点 ／100点

教科書 224〜225ページ　答え 29ページ

1 次のような図形の面積を求めましょう。 1つ10〔40点〕

①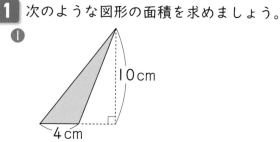

②
（平行四辺形）

（　　　　　　）

③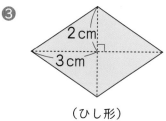
（ひし形）

④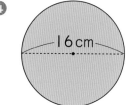

（　　　　　　）

（　　　　　　）　　（　　　　　　）

2 次のような図形の、色がついた部分の面積を求めましょう。 1つ12〔24点〕

①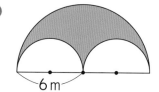

②
6m

（　　　　　　）　　（　　　　　　）

3 面積が 288m² の長方形の形をした畑があります。この畑の横の長さは 18m です。縦の長さは何m でしょうか。 1つ6〔12点〕

式

答え（　　　　　　）

4 次のような角柱や円柱の体積を求めましょう。 1つ12〔24点〕

①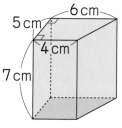

②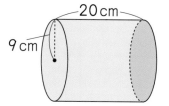

（　　　　　　）　　（　　　　　　）

チェック ✓
□ 図形の面積を求めることはできたかな？
□ 立体の体積を求めることができたかな？

まとめのテスト ❼

時間 **20**分

得点

/100点

教科書　226ページ　答え　29ページ

1 □にあてはまる数を書きましょう。

1つ5〔60点〕

① 5cm = □ mm

② 7km = □ m

③ 8m² = □ cm²

④ 400m² = □ a

⑤ 9ha = □ m²

⑥ 2km² = □ m²

⑦ 6L = □ cm³

⑧ 0.3m³ = □ cm³

⑨ 1500g = □ kg

⑩ 2t = □ kg

⑪ 1直角 = □ °

⑫ 1回転 = □ 直角

2 □にあてはまる単位を書きましょう。

1つ5〔40点〕

① ノートの横の長さ　　　　　25 □

② 走りはばとびの記録　　　　4 □

③ 東京と大阪のきょり　　　　400 □

④ りんご1個の重さ　　　　　200 □

⑤ いすの重さ　　　　　　　　3 □

⑥ バスの重さ　　　　　　　　12 □

⑦ 体育館の広さ　　　　　　　4800 □

⑧ バケツにはいる水のかさ　　6 □

 チェック ✓ □長さ・重さ・面積・体積の単位を理解することはできたかな？
□ふさわしい単位を書くことはできたかな？

● 算数のまとめ ■比例と反比例

まとめのテスト❽

時間 **20** 分

得点 /100点

教科書 227ページ　答え 30ページ

1 空のプールに 6 分間で 240 L 水を入れました。

水を入れた時間と、水そうにたまった水のかさは比例すると考えて、下の表を完成させましょう。

1つ8〔40点〕

時間（分）	1	2	3	4	5	6
水のかさ（L）						240

2 次のあ、いは、y が x に比例や反比例する関係を表したものです。x と y の関係を式に表しましょう。

1つ10〔20点〕

あ　正方形の 1 辺の長さ $x$cm と周りの長さ $y$cm

1辺の長さ x(cm)	1	2	3	4
周りの長さ y(cm)	4	8	12	16

（　　　　　　　）

い　面積が 48cm² の平行四辺形の、底辺の長さ $x$cm と高さ $y$cm

底辺の長さ x(cm)	1	2	3	4
高さ　　 y(cm)	48	24	16	12

（　　　　　　　）

3 次のあからおで、比例しているものと反比例しているものを選び、それぞれ x と y の関係を式に表しましょう。

1つ10〔40点〕

あ　分速 80m で歩くときの、歩いた時間 x 分と進んだ道のり ym

い　1000 円を持っているときの、使った金額 x 円と残りの金額 y 円

う　正十角形の 1 辺の長さ $x$cm と周りの長さ $y$cm

え　面積が 30cm² の平行四辺形の底辺の長さ $x$cm と高さ $y$cm

お　水そうに 20m³ の水を入れるときの、1 分間に入れる水の量 xm³ と、かかる時間 y 分

比例しているもの（　　　　　）　その式（　　　　　　　　　）

反比例しているもの（　　　　　）　その式（　　　　　　　　　）

チェック ☑ □比例・反比例の関係を見つけることはできたかな？
□比例・反比例について、x と y の関係を式に表すことはできたかな？

まとめのテスト❾

教科書 228〜229ページ　答え 30ページ

1 みさきさんの算数、国語、理科の 3 教科のテストの平均点は 84 点です。社会のテストの点数が 76 点のとき、4 教科の平均点は何点になるでしょうか。 1つ5〔10点〕

式

答え（　　　　　）

2 右の表は、山上市と山下市の人口と面積を表しています。人口密度を、四捨五入して、一の位までの概数で求めましょう。 1つ6〔12点〕

人口と面積

	人口（人）	面積（km²）
山上市	78400	92
山下市	82600	98

山上市（　　　　　）　山下市（　　　　　）

3 時速 42km でバスが走っています。 1つ6〔24点〕

① このバスの分速は何m でしょうか。

式

答え（　　　　　）

② 13 分間では何m 進むでしょうか。

式

答え（　　　　　）

4 □にあてはまる数を書きましょう。 1つ7〔21点〕

① 8g は 40g の □ ％です。

② 700 円の 90％の値段は □ 円です。

③ 300m は □ km の 15％です。

5 次の比を簡単にしましょう。 1つ7〔21点〕

① 14:42　　② 3:2.4　　③ $\frac{1}{5}$:5

（　　　　）（　　　　）（　　　　）

6 x にあてはまる数を求めましょう。 1つ6〔12点〕

① $x:7=64:56$　　② $45:81=5:x$

（　　　　）（　　　　）

□ 正しい数量を求めることはできたかな？
□ 比の問題をしっかり解くことはできたかな？

111

勉強した日 ▶ 月 日

まとめのテスト⑩

時間 **20**分

得点

/100点

教科書 230〜231ページ 答え 30ページ

1 下のグラフは、ある町で収かくされた果物の割合の変化を表したものです。 1つ10〔30点〕

```
      0  10  20  30  40  50  60  70  80  90 100(%)
```

| 平成10年 (合計3000t) | みかん | りんご | もも | その他 |

| 平成30年 (合計2000t) | | | | |

❶ 平成10年にくらべて30年では、収かくされたみかんの割合は増えたでしょうか、減ったでしょうか。 (　　　　　　)

❷ 平成30年の収かくされたりんごの量は何tでしょうか。 (　　　　　　)

❸ 平成10年から30年にかけて、収かくされたみかんの量は増えたといえるでしょうか。理由も説明しましょう。

(　　　　　　　　　　　　　　　　　　　　　　　　　　　　)

2 下の表は、たくみさんのクラス10人の計算テストの点数を記録したものです。 1つ10〔40点〕

番号	①	②	③	④	⑤	⑥	⑦	⑧	⑨	⑩
点数(点)	4	7	9	2	5	8	10	1	4	3

❶ 上のデータを、ドットプロットに表しましょう。

```
  |—————|—————|
  0      5      10
            (点)
```

❷ 平均値、最ひん値、中央値を求めましょう。

平均値 (　　　　　)　　最ひん値 (　　　　　)　　中央値 (　　　　　)

3 右の表は、ゆうたさんのクラスで、犬とねこがすきかどうかを調べたものです。 1つ10〔30点〕

❶ 表のあいているところに、あてはまる数を書きましょう。

❷ 表のあ、いに入る数は、それぞれ何を表しているでしょうか。

動物のすききらい調べ(人)

| | | 犬 | | 合計 |
		すき	きらい	
ねこ	すき	あ13	い	22
	きらい	7		10
合計				

あ (　　　　　　　　　　　　)

い (　　　　　　　　　　　　)

ふろくの「計算練習ノート」27〜29ページをやろう！

チェック ✓ □表やグラフを正しくよみ取ることはできたかな？
□ドットプロットをかくことはできたかな？

夏休みのテスト①

教科書 11〜84ページ　答え 31ページ

---

1 計算をしましょう。　1つ5 [20点]

① $\dfrac{10}{3} \times 15$

（　　　　　）

② $\dfrac{2}{5} \times \dfrac{5}{6}$

（　　　　　）

③ $4 \times \dfrac{7}{12}$

（　　　　　）

④ $1\dfrac{4}{5} \times 2\dfrac{1}{12}$

（　　　　　）

---

2 計算をしましょう。　1つ5 [20点]

① $\dfrac{5}{12} \div 10$

（　　　　　）

② $\dfrac{1}{4} \div \dfrac{3}{8}$

（　　　　　）

---

5 次の場面で、x と y の関係を式に表しましょう。

1つ5 [15点]

① 底辺が 9 cm、高さが x cm の平行四辺形があります。面積は y cm² です。

（　　　　　）

② 1.2 L のお茶があります。x L 飲みました。残りは y L です。

（　　　　　）

③ 120 g の小麦粉を x 枚の皿に等しく分けたところ、1 枚の皿の量が y g になりました。

（　　　　　）

6 下の図形について、表にまとめます。　1つ9 [27点]

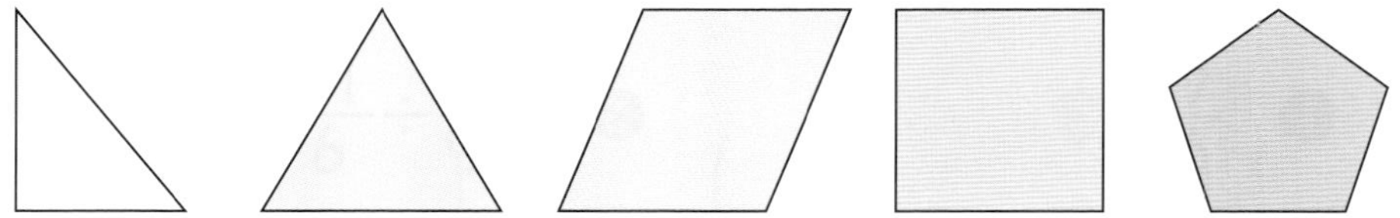

（直角三角形）（正三角形）（平行四辺形）（正方形）（正五角形）

	❶ 線対称	❷ 対称の軸の数	❸ 点対称
直角三角形			
正三角形			
平行四辺形			
正方形			
正五角形			

❶ 「線対称」のらんに、線対称な図形には○、そうでない図形には×をかきましょう。

❷ それぞれの図形の「対称の軸の数」のらんに、対称の軸の本数を書きましょう。線対称な図形でないときは、0と書きましょう。

❸ 「点対称」のらんに、点対称な図形には○、そうでない図形には×をかきましょう。

③ $18 ÷ \dfrac{12}{5}$

④ $1\dfrac{1}{14} ÷ 1\dfrac{3}{7}$

3 計算をしましょう。　1つ5 [10点]

① $\dfrac{8}{9} × 0.75 × \dfrac{1}{6}$

② $\left(\dfrac{3}{8} - \dfrac{1}{12}\right) × \dfrac{24}{17}$

4 縦の長さが $\dfrac{9}{8}$ cm、横の長さが $1\dfrac{1}{3}$ cm の長方形の面積は何 cm² でしょうか。　1つ4 [8点]

式

答え（　　　　　）

② x と y の関係を式に表しましょう。

（　　　　　　　　　　　）

③ x と y の関係をグラフに表しましょう。

水を入れる
時間と水の量

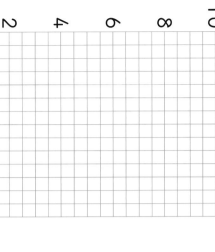

y（L）
10
8
6
4
2
0　1　2　3　4　5　6　7　x（分）

④ 水そうの水の量が9Lになるのは、水を入れ始めてから何分後でしょうか。

（　　　　　　　　　　　）

4 x にあてはまる数を求めましょう。

① 3：8＝x：72

（　　　　　　　　　　　）

② x：36＝5：3

（　　　　　　　　　　　）

③ x：8＝18：48

（　　　　　　　　　　　）

④ 3：x＝1.2：0.8

（　　　　　　　　　　　）

5 縦と横の長さの比が5：8になるように、長方形の紙を切ります。縦の長さが15cmのとき、長方形の周りの長さは何cmになるでしょうか。

〔10点〕

（　　　　　　　　　　　）

●勉強した日　　月　　日

名前

教科書　88〜189ページ　答え　31ページ

時間 30分

得点
　　　/100点

おわったら
シールを
はろう

1

右の池を台形とみて、およそその面積を求めましょう。

1つ5〔10点〕

式

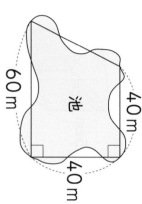

60m

40m

40m

池

答え（　　　　　）

2

下の表は、直方体の形をした水そうに水を入れるとき、水を入れる時間 x 分と水そうにたまる水の量 y L の関係を表したものです。

1つ8〔32点〕

時間 x（分）	1	2	3	4	5
水の量 y（L）	1.5	3	4.5	6	7.5

① 水の量は水を入れる時間に比例しているでしょうか。

（　　　　　）

3

下の図について、次の問題に答えましょう。

1つ8〔24点〕

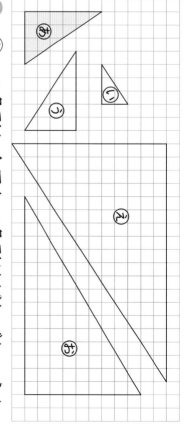

あ　　い　　う　　え　　お

① あの三角形と合同な三角形はどれでしょうか。

（　　　　　）

② あの三角形の拡大図はどれでしょうか。また、それは何倍の拡大図でしょうか。

（　　　，　　　）

③ あの三角形の縮図はどれですか。また、それは何分の一の縮図でしょうか。

（　　　　　）

学年末のテスト ①

●勉強した日　月　日

名前

得点　/100点

時間 30分

教科書 11～205ページ　答え 32ページ

おわったら
シールを
はろう

実力判定テスト

---

1 計算をしましょう。

1つ5 [30点]

① $\dfrac{7}{12} \times 9$

② $\dfrac{7}{18} \times \dfrac{15}{14}$

③ $\dfrac{4}{5} \div \dfrac{2}{3}$

④ $1\dfrac{5}{7} \div \dfrac{10}{21}$

⑤ $\dfrac{7}{10} \div \dfrac{11}{5} \div \dfrac{21}{22}$

⑥ $\dfrac{5}{3} \times \left(1.2 - \dfrac{1}{15}\right)$

---

4 次の①から③について、x と y の関係を式に表しましょう。また、比例しているものには○、反比例しているものには△、どちらでもないものには×を書きましょう。

1つ8 [24点]

① 1 L が135円のガソリンを買うときの量 x L と代金 y 円

② 200 g の砂糖のうち、使った重さ x g と残りの重さ y g

③ 80 cm のリボンを等分するときの、できる本数 x 本と1本の長さ y cm

2 次の比を簡単にしましょう。 1つ5 [20点]

① 18：24　② 27：63

③ 0.75：1　④ $\frac{2}{3}$：$\frac{1}{5}$

3 右の図で、色がついた部分の面積を求めましょう。 [6点]

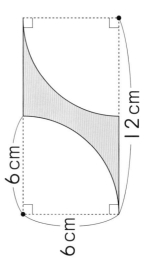

6cm　12cm　6cm

5 $\boxed{0}$、$\boxed{1}$、$\boxed{2}$、$\boxed{3}$ の4枚の数字カードがあります。この数字カードから2枚を使って、2けたの整数をつくります。できる2けたの整数をすべて書きましょう。 [10点]

6 720mLのジュースをAとBの2つの水とうに分けます。AとBの量が7：9の割合になるように分けるとき、Aには何mLのジュースが入るでしょうか。 式 1つ5 [10点]

答え（　　　　）

教科書ワーク

答えとてびき

「答えとてびき」は、とりはずすことができます。

教育出版版
算数 6 年

① 文字を使った式

2・3ページ 基本のワーク

基本❶ ❶ x、231 　　　　　答え $119+x=231$
　　❷ 119、112 　　　　　答え 112
❶ 式 $80×3+x=280$ 　　$240+x=280$
　　$x=280-240$ 　　$x=40$ 　　答え 40円

基本❷ ❶ x、y 　　　　　答え $x×3=y$
　　❷ 7、21 　　　　　答え 21
❷ 式 $x×3=54$ 　　$x=54÷3$ 　　$x=18$
　　　　　　　　　　　　　　答え 18cm

基本❸ ❶ a、c、b、c
　　❶ 1、3、15、12
　　❷ 3.5、10、95、60
❸ ❶ b、c
　　❷ $150÷30=5$
　　　$(150÷10)÷(30÷10)=15÷3=5$

基本❹ 1000、1150、1300、3 　　答え 3
❹ 4本

てびき ❸ この式は、わられる数とわる数を同じ数でわっても商は等しくなるという計算のきまりを表しています。
❹ とる長さの合計を表す式は、$30+12×a$
$a=1$のとき　$30+12×1=42$…とれる。
$a=2$のとき　$30+12×2=54$…とれる。
$a=3$のとき　$30+12×3=66$…とれる。
$a=4$のとき　$30+12×4=78$…とれる。
$a=5$のとき　$30+12×5=90$…とれない。
$a=5$ ではじめて 80 をこえるので、4本までとれます。

4ページ 練習のワーク

❶ 式 $x×5=1700$ 　　$x=1700÷5$
　　$x=340$ 　　　　　　　答え 340g
❷ ❶ $(a+b)×2=28$
　　❷ 式 $(8+b)×2=28$ 　　$8+b=14$
　　　$b=14-8$ 　　$b=6$
　　　　　　　　　　　　　　答え 6cm
❸ ❶ $24×x=y$
　　❷ 式 $24×3.5=84$ 　　答え 84cm²
　　❸ 式 $24×x=216$
　　　$x=216÷24$ 　　$x=9$ 　　答え 9cm
❹ ❶ a、c 　　❷ a、b、c

てびき ❷ ❶ 縦の長さと横の長さの和が、周りの長さの半分になると考えて、$a+b=14$ としてもかまいません。
❸ ❶ 縦×横＝長方形の面積 の式に、文字や数をあてはめます。

5ページ まとめのテスト

❶ 式 $80×6+x=610$ 　　$480+x=610$
　　$x=610-480$ 　　$x=130$ 　　答え 130円
❷ ❶ $a×26=b$
　　❷ 式 $4×26=104$ 　　　　答え 104枚
　　❸ 式 $a×26=234$ 　　$a=234÷26$
　　　$a=9$ 　　　　　　　　答え 9枚
❸ 式 $x×3.14=34.54$ 　　$x=34.54÷3.14$
　　$x=11$ 　　　　　　　　答え 11cm
❹ ❶ 直角三角形の周りの長さ
　　❷ 直角三角形の面積

てびき

1 ことばの式に表すと次のようになります。

$$\boxed{りんご1個の値段}×\boxed{個数}$$
$$+\boxed{バスケットの値段}=\boxed{代金}$$

2 ② a に 4 をあてはめます。
③ b に 234 をあてはめます。

3 直径×円周率＝円周の長さ

4 ② $b$cm の辺と $c$cm の辺は垂直なので、底辺を $b$cm とすると高さは $c$cm になります。
底辺×高さ÷2 は三角形の面積を表す式です。

---

② 分数と整数のかけ算、わり算

6・7ページ 基本のワーク

基本**1** 2、3、3、2、3、2、6 　　答え $\frac{6}{5}\left(1\frac{1}{5}\right)$

❶ ① $\frac{3}{7}$ ② $\frac{8}{9}$ ③ $\frac{35}{4}\left(8\frac{3}{4}\right)$

基本**2** ① $\frac{8}{5}$ 　　答え $\frac{8}{5}\left(1\frac{3}{5}\right)$

② 5、20 　　答え $\frac{20}{3}\left(6\frac{2}{3}\right)$

❷ ① $\frac{7}{2}\left(3\frac{1}{2}\right)$ ② $\frac{16}{3}\left(5\frac{1}{3}\right)$ ③ 21

④ $\frac{45}{4}\left(11\frac{1}{4}\right)$ ⑤ $\frac{39}{5}\left(7\frac{4}{5}\right)$ ⑥ 42

基本**3** 2、3、3、2、2、14 　　答え $\frac{3}{14}$

❸ ① $\frac{2}{15}$ ② $\frac{1}{12}$ ③ $\frac{7}{48}$

基本**4** ① $\frac{2}{9}$ 　　答え $\frac{2}{9}$

② 3、12 　　答え $\frac{5}{12}$

❹ ① $\frac{2}{5}$ ② $\frac{5}{21}$ ③ $\frac{7}{32}$
④ $\frac{3}{8}$ ⑤ $\frac{4}{9}$ ⑥ $\frac{7}{15}$

てびき

❶ ① $\frac{1}{7}×3=\frac{1×3}{7}=\frac{3}{7}$

② $\frac{4}{9}×2=\frac{4×2}{9}=\frac{8}{9}$

③ $\frac{5}{4}×7=\frac{5×7}{4}=\frac{35}{4}$

❷ ①～③ 約分できるときは、途中で約分したほうが簡単に計算できます。

① $\frac{7}{8}×4=\frac{7×\overset{1}{4}}{\underset{2}{8}}=\frac{7}{2}$

② $\frac{4}{9}×12=\frac{4×\overset{4}{12}}{\underset{3}{9}}=\frac{16}{3}$

---

③ $\frac{3}{2}×14=\frac{3×\overset{7}{14}}{\underset{1}{2}}=21$

④～⑥ 帯分数×整数　の計算では、帯分数を仮分数になおして計算します。

④ $1\frac{1}{4}×9=\frac{5}{4}×9=\frac{5×9}{4}=\frac{45}{4}$

⑤ $1\frac{3}{10}×6=\frac{13}{10}×6=\frac{13×\overset{3}{6}}{\underset{5}{10}}=\frac{39}{5}$

⑥ $2\frac{5}{8}×16=\frac{21}{8}×16=\frac{21×\overset{2}{16}}{\underset{1}{8}}=42$

❸ ① $\frac{2}{3}÷5=\frac{2}{3×5}=\frac{2}{15}$

② $\frac{1}{2}÷6=\frac{1}{2×6}=\frac{1}{12}$

③ $\frac{7}{12}÷4=\frac{7}{12×4}=\frac{7}{48}$

❹ ①～③ 約分できるときは、途中で約分したほうが簡単に計算できます。

① $\frac{6}{5}÷3=\frac{\overset{2}{6}}{5×\underset{1}{3}}=\frac{2}{5}$

② $\frac{10}{7}÷6=\frac{\overset{5}{10}}{7×\underset{3}{6}}=\frac{5}{21}$

③ $\frac{21}{8}÷12=\frac{\overset{7}{21}}{8×\underset{4}{12}}=\frac{7}{32}$

④～⑥ 帯分数÷整数　の計算では、帯分数を仮分数になおして計算します。

④ $1\frac{1}{2}÷4=\frac{3}{2}÷4=\frac{3}{2×4}=\frac{3}{8}$

⑤ $2\frac{2}{9}÷5=\frac{20}{9}÷5=\frac{\overset{4}{20}}{9×\underset{1}{5}}=\frac{4}{9}$

⑥ $2\frac{4}{5}÷6=\frac{14}{5}÷6=\frac{\overset{7}{14}}{5×\underset{3}{6}}=\frac{7}{15}$

たしかめよう！

❶、❷ 分数×整数 $\dfrac{b}{a}×c=\dfrac{b×c}{a}$

❸、❹ 分数÷整数 $\dfrac{b}{a}÷c=\dfrac{b}{a×c}$

8ページ 練習のワーク

❶ ① $\frac{5}{8}$ ② $\frac{6}{11}$ ③ $\frac{7}{3}\left(2\frac{1}{3}\right)$
④ $\frac{25}{4}\left(6\frac{1}{4}\right)$ ⑤ $\frac{22}{3}\left(7\frac{1}{3}\right)$ ⑥ 27

❷ ① $\frac{1}{16}$ ② $\frac{2}{35}$ ③ $\frac{1}{18}$

④ $\dfrac{2}{9}$ ⑤ $\dfrac{2}{3}$ ⑥ $\dfrac{3}{10}$

❸ 式 $\dfrac{3}{16}\times6=\dfrac{9}{8}$　　　答え $\dfrac{9}{8}$kg$\left(1\dfrac{1}{8}\text{kg}\right)$

❹ 式 $\dfrac{2}{3}\div3=\dfrac{2}{9}$　　　答え $\dfrac{2}{9}$L

てびき

❶ ① $\dfrac{1}{8}\times5=\dfrac{1\times5}{8}=\dfrac{5}{8}$

② $\dfrac{3}{11}\times2=\dfrac{3\times2}{11}=\dfrac{6}{11}$

③ $\dfrac{7}{9}\times3=\dfrac{7\times3}{9}=\dfrac{7}{3}$

④ $\dfrac{5}{16}\times20=\dfrac{5\times20}{16}=\dfrac{25}{4}$

⑤ $1\dfrac{5}{6}\times4=\dfrac{11}{6}\times4=\dfrac{11\times4}{6}=\dfrac{22}{3}$

⑥ $2\dfrac{1}{4}\times12=\dfrac{9}{4}\times12=\dfrac{9\times12}{4}=27$

❷ ① $\dfrac{1}{4}\div4=\dfrac{1}{4\times4}=\dfrac{1}{16}$

② $\dfrac{2}{7}\div5=\dfrac{2}{7\times5}=\dfrac{2}{35}$

③ $\dfrac{4}{9}\div8=\dfrac{4}{9\times8}=\dfrac{1}{18}$

④ $\dfrac{8}{3}\div12=\dfrac{8}{3\times12}=\dfrac{2}{9}$

⑤ $4\dfrac{2}{3}\div7=\dfrac{14}{3}\div7=\dfrac{14}{3\times7}=\dfrac{2}{3}$

⑥ $1\dfrac{4}{5}\div6=\dfrac{9}{5}\div6=\dfrac{9}{5\times6}=\dfrac{3}{10}$

9ページ まとめのテスト

1 ① $\dfrac{9}{2}\left(4\dfrac{1}{2}\right)$ ② $\dfrac{11}{5}\left(2\dfrac{1}{5}\right)$ ③ $\dfrac{28}{9}\left(3\dfrac{1}{9}\right)$

④ 40 ⑤ $\dfrac{31}{5}\left(6\dfrac{1}{5}\right)$ ⑥ 90

2 ① $\dfrac{5}{42}$ ② $\dfrac{2}{27}$ ③ $\dfrac{1}{26}$

④ $\dfrac{3}{16}$ ⑤ $\dfrac{3}{7}$ ⑥ $\dfrac{5}{66}$

3 式 $\dfrac{7}{4}\times6=\dfrac{21}{2}$　　　答え $\dfrac{21}{2}$cm²$\left(10\dfrac{1}{2}\text{cm}^2\right)$

4 式 $8\dfrac{3}{4}\div7=\dfrac{5}{4}$　　　答え $\dfrac{5}{4}$km$\left(1\dfrac{1}{4}\text{km}\right)$

てびき

1 ① $\dfrac{1}{2}\times9=\dfrac{1\times9}{2}=\dfrac{9}{2}$

② $\dfrac{11}{20}\times4=\dfrac{11\times4}{20}=\dfrac{11}{5}$

③ $\dfrac{7}{18}\times8=\dfrac{7\times8}{18}=\dfrac{28}{9}$

④ $\dfrac{10}{3}\times12=\dfrac{10\times12}{3}=40$

⑤ $1\dfrac{6}{25}\times5=\dfrac{31}{25}\times5=\dfrac{31\times5}{25}=\dfrac{31}{5}$

⑥ $2\dfrac{1}{7}\times42=\dfrac{15}{7}\times42=\dfrac{15\times42}{7}=90$

2 ① $\dfrac{5}{6}\div7=\dfrac{5}{6\times7}=\dfrac{5}{42}$

② $\dfrac{2}{9}\div3=\dfrac{2}{9\times3}=\dfrac{2}{27}$

③ $\dfrac{4}{13}\div8=\dfrac{4}{13\times8}=\dfrac{1}{26}$

④ $\dfrac{9}{8}\div6=\dfrac{9}{8\times6}=\dfrac{3}{16}$

⑤ $1\dfrac{5}{7}\div4=\dfrac{12}{7}\div4=\dfrac{12}{7\times4}=\dfrac{3}{7}$

⑥ $2\dfrac{3}{11}\div30=\dfrac{25}{11}\div30=\dfrac{25}{11\times30}=\dfrac{5}{66}$

③ 対称な図形

10・11ページ 基本のワーク

基本1 線対称、対称の軸　　　答え あ、う

❶ い、う

基本2 点対称、対称の中心　　　答え い

❷ あ、う

基本3 H、G、F　　答え ①G　②AB　③D

❸ 辺EFと対応する辺…辺ED

角Bと対応する角…角H

基本4 D、E、F　　答え ①D　②CB　③F

❹ 辺ABと対応する辺…辺DE

角Eと対応する角…角B

てびき

❶ うの対称の軸は右の図のようになります。

基本**1** **①** 3、6　　　　　　答え 6

② 答え

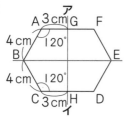

① 直線CJ…4cm　　角あ…90°

基本**2** 答え

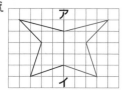

2 **①**

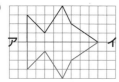

②

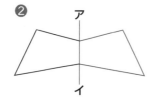

基本**3** **①** G、J　　答え

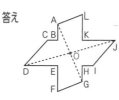

② I、OI　　　　　　答え OI

3 **①** 右の図
② 辺CB
③ 角A
④ 直線OD

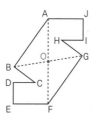

基本**4** 答え

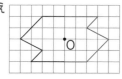

4 **①**

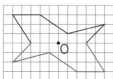

②

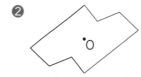

てびき **①** 直線CJ と直線HJ の長さは等しいので、直線CJ の長さは、8÷2＝4(cm)
また、線対称な図形は、対称の軸を折りめとして折るとぴったり重なるので、角あの大きさは、
45°×2＝90°
② 各頂点から直線アイに垂直な直線をひき、同じ長さだけ反対側にのばして、対応する頂点の位置を決めます。

②

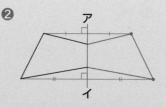

3 **①** 直線AF と直線BG のように、対応する2つの点を結ぶ直線を2本かくと、その交わる点が対称の中心O になります。
② 辺HG は辺CB と対応しています。
③ 角F は角A と対応しています。
④ 点I と点D は対応しているので、直線OI と直線OD の長さは等しくなります。
④ 各頂点から点O まで直線をひき、同じ長さだけ反対側にのばして、対応する頂点の位置を決めます。

②

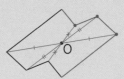

基本**1** お、う
答え

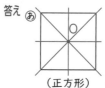
（正方形）

（長方形）

（平行四辺形）　（台形）　（ひし形）

1 あ、い、お
基本**2** い
答え

（正三角形）　（二等辺三角形）　（直角三角形）

2 できない。
基本**3** 答え

❸

	線対称	対称の軸の数	点対称
正三角形	○	3	×
正方形	○	4	○
正五角形	○	5	×
正六角形	○	6	○

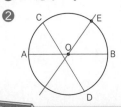 ❹ 答え 合同(半円、円の半分)、軸、軸、中心

❹ ❶ いえない。

❷
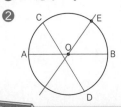

てびき ❸ 正多角形は、すべて線対称な図形です。また、頂点の数が偶数の正多角形は点対称な図形でもあり、頂点の数が奇数の正多角形は点対称な図形ではありません。正多角形の対称の軸は、頂点の数と同じだけあります。

❹ ❶ 円の対称の軸はすべて直径になります。直線CDは円の中心を通っていないので、直径ではありません。したがって、対称の軸ではありません。

❷ 点Eと中心Oを通る直線をかきます。

16ページ 練習のワーク

❶ ❶ 右の図
❷ 垂直に交わる。
❸ 5cm
❹ 3cm

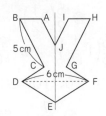

❷ ❶ 右の図
❷ 辺ED
❸ 角B

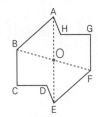

❸ ❶   ❷

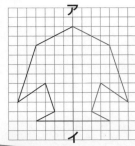

てびき ❶ ❷ 対応する2つの点を結ぶ直線は、対称の軸と垂直に交わります。
❸ 辺HGは辺BCと対応しています。
❹ 対称の軸と交わる点から、対応する2つの

点までの長さは等しいので、直線KDと直線KFの長さは等しくなります。したがって、直線KFの長さは、6÷2＝3(cm)

❷ ❶ 対応する2つの点を結ぶ直線(AE、BF、CG、DH)のうち、どれか2本をかけば、その交わる点が対称の中心Oになります。
❷ 対応する辺の長さは等しいので、辺AHと対応する辺を答えます。
❸ 対応する角の大きさは等しいので、角Fと対応する角を答えます。

17ページ まとめのテスト

❶ ❶ 頂点N ❷ 辺CB ❸ 頂点G
❹ 辺KL ❺ 2cm ❻ 垂直に交わる。

❼
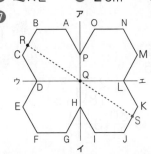

❷ ❶   ❷

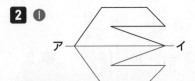 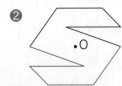

てびき ❶ ❹ 点Cと対応する点は点K、点Dと対応する点は点Lだから、辺CDと対応する辺は、辺KLです。
❺ 直線PQと直線HQの長さは等しくなります。4÷2＝2(cm)
❻ 直線アイを対称の軸とした線対称な図形とみるとき、点Eと点Kは対応する点になります。対応する2つの点を結ぶ直線は、対称の軸と垂直に交わります。
❼ 点対称な図形では、対応する2つの点を結ぶ直線は、対称の中心を通ります。したがって、点Sは、点Rと点Qを通る直線の延長線上にあることになります。
❷ ❶ 各頂点から直線アイに垂直な直線をひき、同じ長さだけ反対側にのばして、対応する頂点の位置を決めます。

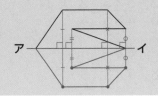

② 各頂点から点〇まで直線をひき、同じ長さだけ反対側にのばして、対応する頂点の位置を決めます。

④ 分数のかけ算

18・19 ページ **基本のワーク**

基本① 5、$\frac{4}{35}$ 　　答え $\frac{4}{35}$

① 式 $\frac{3}{4}×\frac{1}{4}=\frac{3}{16}$ 　　答え $\frac{3}{16}$kg

基本② 3、3、3、$\frac{12}{35}$ 　　答え $\frac{12}{35}$

② ❶ $\frac{2}{15}$ 　❷ $\frac{15}{32}$ 　❸ $\frac{25}{18}(1\frac{7}{18})$
　❹ $\frac{28}{27}(1\frac{1}{27})$ 　❺ $\frac{80}{21}(3\frac{17}{21})$

基本③ 5、$\frac{20}{21}$ 　　答え $\frac{20}{21}$

③ ❶ $\frac{2}{5}$ 　❷ $\frac{3}{4}$ 　❸ $\frac{5}{36}$ 　❹ $\frac{10}{21}$
　❺ $\frac{24}{5}(4\frac{4}{5})$ 　❻ $\frac{3}{5}$ 　❼ $\frac{9}{4}(2\frac{1}{4})$ 　❽ 2
　❾ 6

てびき

① 1mの重さ × 長さ = ロープの重さ
$\frac{3}{4}×\frac{1}{4}=\frac{3}{4}÷4=\frac{3}{4×4}=\frac{3}{16}$

② 分母どうし、分子どうしをかけます。
❶ $\frac{1}{3}×\frac{2}{5}=\frac{1×2}{3×5}=\frac{2}{15}$
❷ $\frac{3}{8}×\frac{5}{4}=\frac{3×5}{8×4}=\frac{15}{32}$
❸ $\frac{5}{6}×\frac{5}{3}=\frac{5×5}{6×3}=\frac{25}{18}$
❹ $\frac{4}{9}×\frac{7}{3}=\frac{4×7}{9×3}=\frac{28}{27}$
❺ $\frac{10}{3}×\frac{8}{7}=\frac{10×8}{3×7}=\frac{80}{21}$

③ 途中で約分してから計算します。
❶ $\frac{1}{2}×\frac{4}{5}=\frac{1×\overset{2}{4}}{\underset{1}{2}×5}=\frac{2}{5}$
❷ $\frac{5}{4}×\frac{3}{5}=\frac{\overset{1}{5}×3}{4×\underset{1}{5}}=\frac{3}{4}$
❸ $\frac{2}{9}×\frac{5}{8}=\frac{2×5}{9×\underset{4}{8}}=\frac{5}{36}$

❹ $\frac{5}{6}×\frac{4}{7}=\frac{5×\overset{2}{4}}{\underset{3}{6}×7}=\frac{10}{21}$

❺ $\frac{8}{3}×\frac{9}{5}=\frac{8×\overset{3}{9}}{\underset{1}{3}×5}=\frac{24}{5}$

❻ $\frac{9}{10}×\frac{2}{3}=\frac{\overset{3}{9}×\overset{1}{2}}{\underset{5}{10}×\underset{1}{3}}=\frac{3}{5}$

❼ $\frac{6}{5}×\frac{15}{8}=\frac{\overset{3}{6}×\overset{3}{15}}{\underset{1}{5}×\underset{4}{8}}=\frac{9}{4}$

❽ $\frac{7}{9}×\frac{18}{7}=\frac{\overset{1}{7}×\overset{2}{18}}{\underset{1}{9}×\underset{1}{7}}=2$

❾ $\frac{9}{5}×\frac{10}{3}=\frac{\overset{3}{9}×\overset{2}{10}}{\underset{1}{5}×\underset{1}{3}}=6$

たしかめよう！

② 分数のかけ算 $\frac{b}{a}×\frac{d}{c}=\frac{b×d}{a×c}$

20・21 ページ **基本のワーク**

基本① 3、3、$\frac{6}{7}$ 　　答え $\frac{6}{7}$

① ❶ $\frac{4}{5}$ 　❷ $\frac{5}{2}(2\frac{1}{2})$ 　❸ 35
　❹ $\frac{16}{15}(1\frac{1}{15})$ 　❺ $\frac{9}{10}$ 　❻ $\frac{8}{3}(2\frac{2}{3})$

基本② 10、10、10、50 　　答え $\frac{21}{50}$

② ❶ $\frac{3}{40}$ 　❷ $\frac{7}{15}$ 　❸ $\frac{2}{5}$
　❹ $\frac{3}{2}(1\frac{1}{2})$ 　❺ $\frac{27}{20}(1\frac{7}{20})$ 　❻ 9

基本③ 2、$\frac{1}{8}$ 　　答え $\frac{1}{8}$

③ ❶ $\frac{2}{45}$ 　❷ 3

基本④ ❶ 35、$\frac{12}{35}$、$\frac{12}{35}$ 　　答え $\frac{12}{35}$
　❷ $\frac{5}{28}$ 　　答え $\frac{5}{28}$

④ ❶ $\frac{9}{64}$m²
　❷ $\frac{2}{21}$m³

てびき

① ❶ $2×\frac{2}{5}=\frac{2}{1}×\frac{2}{5}=\frac{2×2}{1×5}=\frac{4}{5}$

❷ $4×\frac{5}{8}=\frac{4}{1}×\frac{5}{8}=\frac{\overset{1}{4}×5}{1×\underset{2}{8}}=\frac{5}{2}$

③ $15 \times \frac{7}{3} = \frac{15}{1} \times \frac{7}{3} = \frac{\overset{5}{15} \times 7}{1 \times \underset{1}{3}} = 35$

④ $1\frac{3}{5} \times \frac{2}{3} = \frac{8}{5} \times \frac{2}{3} = \frac{8 \times 2}{5 \times 3} = \frac{16}{15}$

⑤ $1\frac{4}{5} \times \frac{1}{2} = \frac{9}{5} \times \frac{1}{2} = \frac{9 \times 1}{5 \times 2} = \frac{9}{10}$

⑥ $2\frac{2}{5} \times 1\frac{1}{9} = \frac{12}{5} \times \frac{10}{9} = \frac{\overset{4}{12} \times \overset{2}{10}}{\underset{1}{5} \times \underset{3}{9}} = \frac{8}{3}$

② ① $0.3 \times \frac{1}{4} = \frac{3}{10} \times \frac{1}{4} = \frac{3 \times 1}{10 \times 4} = \frac{3}{40}$

② $0.6 \times \frac{7}{9} = \frac{6}{10} \times \frac{7}{9} = \frac{\overset{2}{6} \times 7}{\underset{5}{10} \times \underset{3}{9}} = \frac{7}{15}$

③ $0.5 \times \frac{4}{5} = \frac{5}{10} \times \frac{4}{5} = \frac{\overset{2}{5} \times 4}{\underset{5}{10} \times \underset{1}{5}} = \frac{2}{5}$

④ $1.8 \times \frac{5}{6} = \frac{18}{10} \times \frac{5}{6} = \frac{\overset{9}{18} \times \overset{1}{5}}{\underset{2}{10} \times \underset{1}{6}} = \frac{3}{2}$

⑤ $3.6 \times \frac{3}{8} = \frac{36}{10} \times \frac{3}{8} = \frac{\overset{9}{36} \times 3}{\underset{2}{10} \times 8} = \frac{27}{20}$

⑥ $2.7 \times \frac{10}{3} = \frac{27}{10} \times \frac{10}{3} = \frac{\overset{9}{27} \times \overset{1}{10}}{\underset{1}{10} \times \underset{1}{3}} = 9$

③ ① $\frac{2}{3} \times \frac{1}{5} \times \frac{1}{3} = \frac{2 \times 1 \times 1}{3 \times 5 \times 3} = \frac{2}{45}$

② $\frac{9}{10} \times \frac{14}{3} \times \frac{5}{7} = \frac{\overset{3}{9} \times \overset{\overset{2}{14}}{} \times \overset{1}{5}}{\underset{2}{10} \times \underset{1}{3} \times \underset{1}{7}} = 3$

④ ① $\frac{3}{8} \times \frac{3}{8} = \frac{3 \times 3}{8 \times 8} = \frac{9}{64}$

② $\frac{1}{4} \times \frac{3}{7} \times \frac{8}{9} = \frac{1 \times 3 \times \overset{2}{8}}{4 \times 7 \times \underset{3}{9}} = \frac{2}{21}$

22・23ページ 基本のワーク

基本① ① $\frac{1}{7}$, $\frac{1}{7}$, $\frac{1}{14}$ 答え $\frac{1}{14}$
② $\frac{1}{4}$, $\frac{1}{2}$, $\frac{4}{7}$, $\frac{6}{7}$ 答え $\frac{6}{7}$
③ $\frac{7}{5}$, $\frac{3}{10}$, $\frac{17}{10}$, $\frac{1}{10}$ 答え $\frac{1}{10}$

① ① $\frac{5}{6}$ ② $\frac{29}{5}\left(5\frac{4}{5}\right)$ ③ 1 ④ $\frac{9}{13}$ ⑤ $\frac{1}{9}$

基本② 逆数
① $\frac{6}{5}$, $\frac{6}{5}$ 答え $\frac{6}{5}$
② 7、7 答え 7

② ① $\frac{5}{4}$ ② $\frac{2}{15}$
③ ① $\frac{9}{4}$ ② 3 ③ $\frac{8}{11}$

基本③ ① 1、$\frac{1}{6}$ 答え $\frac{1}{6}$
② 10、5、$\frac{5}{2}$ 答え $\frac{5}{2}$
④ ① $\frac{1}{4}$ ② $\frac{10}{17}$ ③ $\frac{2}{5}$

てびき
① 計算のきまりを使って、計算が簡単になるようにくふうします。
① $\left(\frac{5}{6} \times \frac{8}{9}\right) \times \frac{9}{8} = \frac{5}{6} \times \left(\frac{8}{9} \times \frac{9}{8}\right)$
$= \frac{5}{6} \times 1 = \frac{5}{6}$
② $\frac{14}{5} \times \left(\frac{4}{7} + \frac{3}{2}\right) = \frac{14}{5} \times \frac{4}{7} + \frac{14}{5} \times \frac{3}{2}$
$= \frac{8}{5} + \frac{21}{5} = \frac{29}{5}$
③ $\left(\frac{3}{8} - \frac{1}{10}\right) \times \frac{40}{11} = \frac{3}{8} \times \frac{40}{11} - \frac{1}{10} \times \frac{40}{11}$
$= \frac{15}{11} - \frac{4}{11} = \frac{11}{11} = 1$
④ $\frac{12}{7} \times \frac{9}{13} - \frac{5}{7} \times \frac{9}{13} = \left(\frac{12}{7} - \frac{5}{7}\right) \times \frac{9}{13}$
$= \frac{7}{7} \times \frac{9}{13} = 1 \times \frac{9}{13} = \frac{9}{13}$
⑤ $\frac{1}{17} \times \frac{11}{9} + \frac{1}{17} \times \frac{2}{3} = \frac{1}{17} \times \left(\frac{11}{9} + \frac{2}{3}\right)$
$= \frac{1}{17} \times \left(\frac{11}{9} + \frac{6}{9}\right) = \frac{1}{17} \times \frac{17}{9} = \frac{1}{9}$

③ ③ $1\frac{3}{8} = \frac{11}{8}$ です。
逆数は、分母と分子を入れかえて、$\frac{8}{11}$
④ ① $4 = \frac{4}{1}$ だから、逆数は $\frac{1}{4}$
② $1.7 = \frac{17}{10}$ だから、逆数は $\frac{10}{17}$
③ $2.5 = \frac{25}{10} = \frac{5}{2}$ だから、逆数は $\frac{2}{5}$

24ページ 練習のワーク①

① ① $\frac{5}{42}$ ② $\frac{14}{15}$ ③ $\frac{5}{9}$
④ $\frac{4}{35}$ ⑤ $\frac{15}{2}\left(7\frac{1}{2}\right)$ ⑥ 51
⑦ $\frac{11}{24}$ ⑧ $\frac{20}{3}\left(6\frac{2}{3}\right)$ ⑨ $\frac{21}{10}\left(2\frac{1}{10}\right)$
⑩ 4 ⑪ $\frac{7}{8}$ ⑫ $\frac{19}{25}$

② 式 $\frac{4}{5} \times 3\frac{1}{8} = \frac{5}{2}$ 答え $\frac{5}{2}$kg$\left(2\frac{1}{2}$kg$\right)$

③ ① $\frac{7}{6}$ ② $\frac{5}{17}$ ③ $\frac{1}{12}$
④ 10

❶

⑤ $12 \times \dfrac{5}{8} = \dfrac{12}{1} \times \dfrac{5}{8} = \dfrac{\overset{3}{12} \times 5}{1 \times \underset{2}{8}} = \dfrac{15}{2}$

⑥ $68 \times \dfrac{3}{4} = \dfrac{68}{1} \times \dfrac{3}{4} = \dfrac{\overset{17}{68} \times 3}{1 \times \underset{1}{4}} = 51$

⑦ $\dfrac{1}{6} \times 2\dfrac{3}{4} = \dfrac{1}{6} \times \dfrac{11}{4} = \dfrac{1 \times 11}{6 \times 4} = \dfrac{11}{24}$

⑧ $3\dfrac{5}{9} \times 1\dfrac{7}{8} = \dfrac{32}{9} \times \dfrac{15}{8} = \dfrac{\overset{4}{32} \times \overset{5}{15}}{\underset{3}{9} \times \underset{1}{8}} = \dfrac{20}{3}$

⑨ $2.7 \times \dfrac{7}{9} = \dfrac{27}{10} \times \dfrac{7}{9} = \dfrac{\overset{3}{27} \times 7}{10 \times \underset{1}{9}} = \dfrac{21}{10}$

⑩ $0.6 \times \dfrac{20}{3} = \dfrac{6}{10} \times \dfrac{20}{3} = \dfrac{\overset{2}{6} \times \overset{2}{20}}{\underset{1}{10} \times \underset{1}{3}} = 4$

⑪ $\left(\dfrac{7}{4} \times \dfrac{5}{18}\right) \times \dfrac{9}{5} = \dfrac{7}{4} \times \left(\dfrac{5}{18} \times \dfrac{9}{5}\right) = \dfrac{7}{4} \times \dfrac{1}{2} = \dfrac{7}{8}$

⑫ $\dfrac{12}{25} \times \left(\dfrac{3}{4} + \dfrac{5}{6}\right) = \dfrac{12}{25} \times \dfrac{3}{4} + \dfrac{12}{25} \times \dfrac{5}{6}$
$= \dfrac{9}{25} + \dfrac{2}{5} = \dfrac{9}{25} + \dfrac{10}{25} = \dfrac{19}{25}$

❸ ② $3\dfrac{2}{5} = \dfrac{17}{5}$ だから、逆数は $\dfrac{5}{17}$

③ $12 = \dfrac{12}{1}$ だから、逆数は $\dfrac{1}{12}$

④ $0.1 = \dfrac{1}{10}$ だから、逆数は $\dfrac{10}{1} = 10$

25ページ 練習のワーク❷

❶
① $\dfrac{5}{42}$ ② $\dfrac{14}{45}$ ③ $\dfrac{3}{10}$ ④ $\dfrac{1}{6}$

⑤ $\dfrac{28}{3}\left(9\dfrac{1}{3}\right)$ ⑥ 8 ⑦ $\dfrac{2}{5}$ ⑧ 6

⑨ $\dfrac{1}{5}$ ⑩ $\dfrac{9}{4}\left(2\dfrac{1}{4}\right)$ ⑪ $\dfrac{3}{70}$ ⑫ $\dfrac{1}{12}$

❷ 式 $1\dfrac{3}{5} \times 3\dfrac{4}{7} = \dfrac{40}{7}$　答え $\dfrac{40}{7}$ m²$\left(5\dfrac{5}{7}\text{m}^2\right)$

❸ 式 $180 \times \dfrac{5}{9} = 100$　答え 100円

❶ ① $\dfrac{1}{6} \times \dfrac{5}{7} = \dfrac{1 \times 5}{6 \times 7} = \dfrac{5}{42}$

② $\dfrac{2}{5} \times \dfrac{7}{9} = \dfrac{2 \times 7}{5 \times 9} = \dfrac{14}{45}$

③ $\dfrac{3}{8} \times \dfrac{4}{5} = \dfrac{3 \times \overset{1}{4}}{\underset{2}{8} \times 5} = \dfrac{3}{10}$

④ $\dfrac{8}{15} \times \dfrac{5}{16} = \dfrac{\overset{1}{8} \times \overset{1}{5}}{\underset{3}{15} \times \underset{2}{16}} = \dfrac{1}{6}$

⑤ $16 \times \dfrac{7}{12} = \dfrac{16}{1} \times \dfrac{7}{12} = \dfrac{\overset{4}{16} \times 7}{1 \times \underset{3}{12}} = \dfrac{28}{3}$

---

⑥ $36 \times \dfrac{2}{9} = \dfrac{36}{1} \times \dfrac{2}{9} = \dfrac{\overset{4}{36} \times 2}{1 \times \underset{1}{9}} = 8$

⑦ $2\dfrac{2}{5} \times \dfrac{1}{6} = \dfrac{12}{5} \times \dfrac{1}{6} = \dfrac{\overset{2}{12} \times 1}{5 \times \underset{1}{6}} = \dfrac{2}{5}$

⑧ $1\dfrac{2}{7} \times 4\dfrac{2}{3} = \dfrac{9}{7} \times \dfrac{14}{3} = \dfrac{\overset{3}{9} \times \overset{2}{14}}{\underset{1}{7} \times \underset{1}{3}} = 6$

⑨ $0.5 \times \dfrac{2}{5} = \dfrac{5}{10} \times \dfrac{2}{5} = \dfrac{\overset{1}{5} \times 2}{10 \times \underset{1}{5}} = \dfrac{1}{5}$

⑩ $3.6 \times \dfrac{5}{8} = \dfrac{36}{10} \times \dfrac{5}{8} = \dfrac{\overset{9}{36} \times \overset{1}{5}}{\underset{2}{10} \times \underset{2}{8}} = \dfrac{9}{4}$

⑪ $\dfrac{3}{4} \times \dfrac{1}{7} \times \dfrac{2}{5} = \dfrac{3 \times 1 \times \overset{1}{2}}{\underset{2}{4} \times 7 \times 5} = \dfrac{3}{70}$

⑫ $\dfrac{3}{7} \times \dfrac{1}{12} + \dfrac{4}{7} \times \dfrac{1}{12} = \left(\dfrac{3}{7} + \dfrac{4}{7}\right) \times \dfrac{1}{12} = \dfrac{7}{7} \times \dfrac{1}{12}$
$= 1 \times \dfrac{1}{12} = \dfrac{1}{12}$

26ページ まとめのテスト❶

❶
① $\dfrac{5}{18}$ ② $\dfrac{7}{18}$ ③ $\dfrac{25}{21}\left(1\dfrac{4}{21}\right)$

④ $\dfrac{55}{9}\left(6\dfrac{1}{9}\right)$ ⑤ $\dfrac{15}{16}$ ⑥ $\dfrac{9}{2}\left(4\dfrac{1}{2}\right)$

⑦ 15 ⑧ $\dfrac{9}{4}\left(2\dfrac{1}{4}\right)$ ⑨ $\dfrac{20}{99}$

❷ ① 8 ② $\dfrac{1}{10}$ ③ $\dfrac{10}{49}$

❸ ① 式 $\dfrac{3}{4} \times 1\dfrac{5}{9} = \dfrac{7}{6}$　答え $\dfrac{7}{6}$ cm²$\left(1\dfrac{1}{6}\text{cm}^2\right)$

② 式 $\dfrac{1}{2} \times 1\dfrac{1}{15} \times \dfrac{5}{7} = \dfrac{8}{21}$　答え $\dfrac{8}{21}$ m³

❹ 式 $\dfrac{25}{2} \times \dfrac{71}{10} = \dfrac{355}{4}$　答え $\dfrac{355}{4}$ km$\left(88\dfrac{3}{4}\text{km}\right)$

❶ ④ $10 \times \dfrac{11}{18} = \dfrac{10}{1} \times \dfrac{11}{18}$
$= \dfrac{\overset{5}{10} \times 11}{1 \times \underset{9}{18}} = \dfrac{55}{9}$

⑥ $2\dfrac{7}{10} \times 1\dfrac{2}{3} = \dfrac{27}{10} \times \dfrac{5}{3} = \dfrac{\overset{9}{27} \times \overset{1}{5}}{\underset{2}{10} \times \underset{1}{3}} = \dfrac{9}{2}$

⑦ $3\dfrac{1}{2} \times 4\dfrac{2}{7} = \dfrac{7}{2} \times \dfrac{30}{7} = \dfrac{\overset{1}{7} \times \overset{15}{30}}{\underset{1}{2} \times \underset{1}{7}} = 15$

⑧ $3.5 \times \dfrac{9}{14} = \dfrac{35}{10} \times \dfrac{9}{14} = \dfrac{\overset{5}{35} \times 9}{\underset{2}{10} \times \underset{4}{14}} = \dfrac{9}{4}$

⑨ $\dfrac{1}{6} \times \dfrac{25}{11} \times \dfrac{8}{15} = \dfrac{1 \times \overset{5}{25} \times \overset{4}{8}}{\underset{3}{6} \times 11 \times \underset{3}{15}} = \dfrac{20}{99}$

まとめのテスト❷

1 ① $\frac{3}{28}$ ② $\frac{5}{12}$ ③ $\frac{9}{8}\left(1\frac{1}{8}\right)$ ④ $\frac{5}{3}\left(1\frac{2}{3}\right)$

　 ⑤ $\frac{22}{3}\left(7\frac{1}{3}\right)$ ⑥ 3 ⑦ $\frac{7}{2}\left(3\frac{1}{2}\right)$ ⑧ $\frac{1}{28}$

　 ⑨ 9

2 ① $\frac{5}{6}$ ② $\frac{2}{3}$、$\frac{5}{9}$

3 ① $\frac{13}{7}$ ② $\frac{2}{5}$ ③ $\frac{5}{4}$

4 式 $\frac{5}{8}\times2\frac{2}{7}=\frac{10}{7}$　　答え $\frac{10}{7}$ kg $\left(1\frac{3}{7}$ kg$\right)$

5 式 $2\frac{2}{3}\times1\frac{1}{6}=\frac{28}{9}$　　答え $\frac{28}{9}$ m² $\left(3\frac{1}{9}$ m²$\right)$

てびき

1 ⑤ $6\times1\frac{2}{9}=\frac{6}{1}\times\frac{11}{9}=\frac{6\times11}{1\times9}=\frac{22}{3}$

　 ⑥ $1\frac{3}{7}\times2\frac{1}{10}=\frac{10}{7}\times\frac{21}{10}=\frac{10\times21}{7\times10}=3$

　 ⑦ $4.2\times\frac{5}{6}=\frac{42}{10}\times\frac{5}{6}=\frac{42\times5}{10\times6}=\frac{7}{2}$

　 ⑨ $\frac{10}{3}\times\frac{21}{5}\times\frac{9}{14}=\frac{10\times21\times9}{3\times5\times14}=9$

3 ② $2\frac{1}{2}=\frac{5}{2}$ だから、逆数は $\frac{2}{5}$

　 ③ $0.8=\frac{4}{5}$ だから、逆数は $\frac{5}{4}$

⑤ 分数のわり算

28・29 ページ 基本のワーク

基本1 3、3、$\frac{9}{4}$　　　　　　答え $\frac{9}{4}\left(2\frac{1}{4}\right)$

1 式 $\frac{2}{3}\div\frac{1}{5}=\frac{10}{3}$　　　答え $\frac{10}{3}$ kg $\left(3\frac{1}{3}$ kg$\right)$

基本2 3、3、3、$\frac{9}{8}$　　　答え $\frac{9}{8}\left(1\frac{1}{8}\right)$

2 ① $\frac{15}{16}$ ② $\frac{15}{32}$ ③ $\frac{35}{12}\left(2\frac{11}{12}\right)$

　 ④ $\frac{12}{35}$ ⑤ $\frac{10}{63}$

基本3 3、$\frac{3}{4}$　　　　　　　答え $\frac{3}{4}$

3 ① $\frac{4}{5}$ ② $\frac{14}{15}$ ③ $\frac{14}{9}\left(1\frac{5}{9}\right)$

　 ④ $\frac{8}{5}\left(1\frac{3}{5}\right)$ ⑤ $\frac{5}{9}$ ⑥ $\frac{12}{5}\left(2\frac{2}{5}\right)$

　 ⑦ $\frac{35}{4}\left(8\frac{3}{4}\right)$ ⑧ 6 ⑨ 6

てびき

1 [ロープの重さ ÷ 長さ = 1mの重さ]

$\frac{2}{3}\div\frac{1}{5}=\frac{2}{3}\times5=\frac{2\times5}{3}=\frac{10}{3}$

2 わる数を逆数にしてかけます。

① $\frac{3}{8}\div\frac{2}{5}=\frac{3}{8}\times\frac{5}{2}=\frac{3\times5}{8\times2}=\frac{15}{16}$

② $\frac{3}{4}\div\frac{8}{5}=\frac{3}{4}\times\frac{5}{8}=\frac{3\times5}{4\times8}=\frac{15}{32}$

③ $\frac{5}{6}\div\frac{2}{7}=\frac{5}{6}\times\frac{7}{2}=\frac{5\times7}{6\times2}=\frac{35}{12}$

④ $\frac{4}{7}\div\frac{5}{3}=\frac{4}{7}\times\frac{3}{5}=\frac{4\times3}{7\times5}=\frac{12}{35}$

⑤ $\frac{5}{9}\div\frac{7}{2}=\frac{5}{9}\times\frac{2}{7}=\frac{5\times2}{9\times7}=\frac{10}{63}$

3 途中で約分してから計算します。

① $\frac{2}{3}\div\frac{5}{6}=\frac{2}{3}\times\frac{6}{5}=\frac{2\times6}{3\times5}=\frac{4}{5}$

② $\frac{4}{5}\div\frac{6}{7}=\frac{4}{5}\times\frac{7}{6}=\frac{4\times7}{5\times6}=\frac{14}{15}$

③ $\frac{7}{12}\div\frac{3}{8}=\frac{7}{12}\times\frac{8}{3}=\frac{7\times8}{12\times3}=\frac{14}{9}$

④ $\frac{12}{7}\div\frac{15}{14}=\frac{12}{7}\times\frac{14}{15}=\frac{12\times14}{7\times15}=\frac{8}{5}$

⑤ $\frac{4}{15}\div\frac{12}{25}=\frac{4}{15}\times\frac{25}{12}=\frac{4\times25}{15\times12}=\frac{5}{9}$

⑥ $\frac{9}{10}\div\frac{3}{8}=\frac{9}{10}\times\frac{8}{3}=\frac{9\times8}{10\times3}=\frac{12}{5}$

⑦ $\frac{10}{3}\div\frac{8}{21}=\frac{10}{3}\times\frac{21}{8}=\frac{10\times21}{3\times8}=\frac{35}{4}$

⑧ $\frac{15}{8}\div\frac{5}{16}=\frac{15}{8}\times\frac{16}{5}=\frac{15\times16}{8\times5}=6$

⑨ $\frac{22}{3}\div\frac{11}{9}=\frac{22}{3}\times\frac{9}{11}=\frac{22\times9}{3\times11}=6$

たしかめよう!

2 分数のわり算 $\frac{b}{a}\div\frac{d}{c}=\frac{b}{a}\times\frac{c}{d}$

30・31 ページ 基本のワーク

基本1 7、7、$\frac{35}{3}$　　　　　　答え $\frac{35}{3}\left(11\frac{2}{3}\right)$

1 ① $\frac{27}{4}\left(6\frac{3}{4}\right)$ ② $\frac{44}{5}\left(8\frac{4}{5}\right)$ ③ 21

　 ④ 18 ⑤ 4 ⑥ $\frac{5}{2}\left(2\frac{1}{2}\right)$

❼ 3　　❽ $\frac{9}{5}\left(1\frac{4}{5}\right)$　　❾ $\frac{10}{9}\left(1\frac{1}{9}\right)$

基本2　10、10、$\frac{21}{20}$　　　　　答え $\frac{21}{20}\left(1\frac{1}{20}\right)$

❷ ❶ $\frac{27}{20}\left(1\frac{7}{20}\right)$　❷ $\frac{7}{6}\left(1\frac{1}{6}\right)$　❸ $\frac{1}{25}$　❹ $\frac{9}{5}\left(1\frac{4}{5}\right)$
　❺ 6　❻ 2

基本3　$\frac{5}{3}$、$\frac{25}{18}$　　　　　答え $\frac{25}{18}\left(1\frac{7}{18}\right)$

❸ ❶ $\frac{4}{5}$　❷ $\frac{12}{7}\left(1\frac{5}{7}\right)$　❸ $\frac{1}{9}$　❹ $\frac{3}{40}$　❺ $\frac{3}{8}$
　❻ $\frac{27}{28}$　❼ $\frac{1}{3}$　❽ 2　❾ 6　❿ 1

てびき

❶ ❶ $3\div\frac{4}{9}=\frac{3}{1}\div\frac{4}{9}=\frac{3\times9}{1\times4}=\frac{27}{4}$

❷ $8\div\frac{10}{11}=\frac{8}{1}\div\frac{10}{11}=\frac{8\times11}{1\times10}=\frac{44}{5}$

❸ $12\div\frac{4}{7}=\frac{12}{1}\div\frac{4}{7}=\frac{12\times7}{1\times4}=21$

❹ $14\div\frac{7}{9}=\frac{14}{1}\div\frac{7}{9}=\frac{14\times9}{1\times7}=18$

❺ $3\frac{1}{3}\div\frac{5}{6}=\frac{10}{3}\div\frac{5}{6}=\frac{10\times6}{3\times5}=4$

❻ $1\frac{3}{7}\div\frac{4}{7}=\frac{10}{7}\div\frac{4}{7}=\frac{10\times7}{7\times4}=\frac{5}{2}$

❼ $2\frac{2}{3}\div\frac{8}{9}=\frac{8}{3}\div\frac{8}{9}=\frac{8\times9}{3\times8}=3$

❽ $5\div2\frac{7}{9}=\frac{5}{1}\div\frac{25}{9}=\frac{5\times9}{1\times25}=\frac{9}{5}$

❾ $4\frac{1}{6}\div3\frac{3}{4}=\frac{25}{6}\div\frac{15}{4}=\frac{25\times4}{6\times15}=\frac{10}{9}$

❷ ❶ $0.9\div\frac{2}{3}=\frac{9}{10}\div\frac{2}{3}=\frac{9\times3}{10\times2}=\frac{27}{20}$

❷ $0.7\div\frac{3}{5}=\frac{7}{10}\div\frac{3}{5}=\frac{7\times5}{10\times3}=\frac{7}{6}$

❸ $0.3\div\frac{15}{2}=\frac{3}{10}\div\frac{15}{2}=\frac{3\times2}{10\times15}=\frac{1}{25}$

❹ $1.4\div\frac{7}{9}=\frac{14}{10}\div\frac{7}{9}=\frac{14\times9}{10\times7}=\frac{9}{5}$

❺ $1.8\div\frac{3}{10}=\frac{18}{10}\div\frac{3}{10}=\frac{18\times10}{10\times3}=6$

❻ $3.6\div\frac{9}{5}=\frac{36}{10}\div\frac{9}{5}=\frac{36\times5}{10\times9}=2$

❸ ❶ $\frac{3}{7}\times\frac{7}{5}\div\frac{3}{4}=\frac{3}{7}\times\frac{7}{5}\times\frac{4}{3}=\frac{3\times7\times4}{7\times5\times3}=\frac{4}{5}$

❷ $\frac{9}{10}\times\frac{5}{7}\div\frac{3}{8}=\frac{9}{10}\times\frac{5}{7}\times\frac{8}{3}=\frac{9\times5\times8}{10\times7\times3}=\frac{12}{7}$

❸ $\frac{3}{16}\times\frac{14}{9}\div\frac{21}{8}=\frac{3}{16}\times\frac{14}{9}\times\frac{8}{21}$
$=\frac{3\times14\times8}{16\times9\times21}=\frac{1}{9}$

❹ $\frac{5}{12}\div\frac{10}{3}\times\frac{3}{5}=\frac{5}{12}\times\frac{3}{10}\times\frac{3}{5}=\frac{5\times3\times3}{12\times10\times5}=\frac{3}{40}$

❺ $\frac{7}{22}\div\frac{6}{11}\times\frac{9}{14}=\frac{7}{22}\times\frac{11}{6}\times\frac{9}{14}$
$=\frac{7\times11\times9}{22\times6\times14}=\frac{3}{8}$

❻ $\frac{6}{7}\div\frac{5}{18}\times\frac{5}{16}=\frac{6}{7}\times\frac{18}{5}\times\frac{5}{16}$
$=\frac{6\times18\times5}{7\times5\times16}=\frac{27}{28}$

❼ $\frac{1}{36}\div\frac{1}{6}\div\frac{1}{2}=\frac{1}{36}\times\frac{6}{1}\times\frac{2}{1}=\frac{1\times6\times2}{36\times1\times1}=\frac{1}{3}$

❽ $\frac{5}{3}\div\frac{8}{9}\div\frac{15}{16}=\frac{5}{3}\times\frac{9}{8}\times\frac{16}{15}=\frac{5\times9\times16}{3\times8\times15}=2$

❾ $\frac{9}{8}\div\frac{3}{11}\div\frac{11}{16}=\frac{9}{8}\times\frac{11}{3}\times\frac{16}{11}$
$=\frac{9\times11\times16}{8\times3\times11}=6$

❿ $\frac{5}{12}\div\frac{10}{9}\div\frac{3}{8}=\frac{5}{12}\times\frac{9}{10}\times\frac{8}{3}$
$=\frac{5\times9\times8}{12\times10\times3}=1$

32・33ページ 基本のワーク

基本1　1、10、1、10、7、$\frac{8}{7}$　　　　答え $\frac{8}{7}\left(1\frac{1}{7}\right)$

❶ ❶ $\frac{20}{7}\left(2\frac{6}{7}\right)$　❷ $\frac{33}{2}\left(16\frac{1}{2}\right)$　❸ $\frac{15}{23}$

10

④ 8　　⑤ $\frac{100}{63}\left(1\frac{37}{63}\right)$

ふくしゅう ❶ ＜　　❷ ＞

基本 ② 小さく、大きく

答え ❶ $\frac{4}{3}$　　❷ $\frac{3}{4}$　　❸ $\frac{3}{4}$　　❹ $\frac{4}{3}$

❷ ❶ あ　　❷ う

てびき

❶ ① $\frac{6}{7}\times 2\div 0.6=\frac{6}{7}\times\frac{2}{1}\div\frac{6}{10}$

$=\frac{6}{7}\times\frac{2}{1}\times\frac{10}{6}=\frac{6\times 2\times 10}{7\times 1\times 6}=\frac{20}{7}$

② $9\div\frac{3}{5}\times 1.1=\frac{9}{1}\div\frac{3}{5}\times\frac{11}{10}=\frac{9}{1}\times\frac{5}{3}\times\frac{11}{10}$

$=\frac{9\times 5\times 11}{1\times 3\times 10}=\frac{33}{2}$

③ $1.2\div 2.3\div\frac{4}{5}=\frac{12}{10}\div\frac{23}{10}\div\frac{4}{5}$

$=\frac{12}{10}\times\frac{10}{23}\times\frac{5}{4}=\frac{12\times 10\times 5}{10\times 23\times 4}=\frac{15}{23}$

④ $\frac{7}{25}\div 0.41\times\frac{82}{7}=\frac{7}{25}\div\frac{41}{100}\times\frac{82}{7}$

$=\frac{7}{25}\times\frac{100}{41}\times\frac{82}{7}=\frac{7\times 100\times 82}{25\times 41\times 7}=8$

⑤ $36\div 4.2\div 5.4=\frac{36}{1}\div\frac{42}{10}\div\frac{54}{10}$

$=\frac{36}{1}\times\frac{10}{42}\times\frac{10}{54}=\frac{36\times 10\times 10}{1\times 42\times 54}=\frac{100}{63}$

❷ ❶ 1 より小さい分数をかけている式だから、あです。

❷ 1 より小さい分数でわっている式だから、うです。

34・35ページ 基本のワーク

基本① $\frac{3}{8}$、$\frac{5}{8}$、$\frac{3}{8}$、$\frac{8}{5}$、$\frac{3}{5}$　　答え $\frac{3}{5}$

❶ 式 $\frac{7}{6}\div\frac{8}{3}=\frac{7}{16}$　　答え $\frac{7}{16}$ 倍

❷ 式 $\frac{9}{7}\div 1\frac{1}{2}=\frac{6}{7}$　　答え $\frac{6}{7}$ 倍

基本② $\frac{2}{5}$、$\frac{7}{4}$、$\frac{2}{5}$、$\frac{7}{10}$　　答え $\frac{7}{10}$

❸ 式 $3\frac{3}{4}\times\frac{3}{10}=\frac{9}{8}$　　答え $\frac{9}{8}$ m²$\left(1\frac{1}{8}$ m²$\right)$

❹ 式 $1200\times\frac{7}{6}=1400$　　答え 1400 m

基本③ $\frac{3}{4}$、$\frac{15}{4}$、$\frac{15}{4}$、$\frac{3}{4}$、5　　答え 5

❺ 式 $\frac{3}{2}\div\frac{2}{5}=\frac{15}{4}$　　答え $\frac{15}{4}$ m²$\left(3\frac{3}{4}$ m²$\right)$

❻ 式 $400\div\frac{5}{4}=320$　　答え 320 円

てびき

❺ 求める数を x として、かけ算の式に表すと、

$x\times\frac{2}{5}=\frac{3}{2}$　　$x=\frac{3}{2}\div\frac{2}{5}$　　$x=\frac{15}{4}$

❻ 求める数を x として、かけ算の式に表すと、

$x\times\frac{5}{4}=400$　　$x=400\div\frac{5}{4}$　　$x=320$

36ページ 練習のワーク①

❶ ① $\frac{8}{9}$　② $\frac{15}{56}$　③ $\frac{7}{11}$　④ $\frac{5}{8}$

⑤ $\frac{45}{2}\left(22\frac{1}{2}\right)$　⑥ $\frac{27}{44}$　⑦ $\frac{7}{12}$　⑧ $\frac{14}{5}\left(2\frac{4}{5}\right)$

⑨ $\frac{55}{36}\left(1\frac{19}{36}\right)$　⑩ $\frac{25}{14}\left(1\frac{11}{14}\right)$

❷ 式 $\frac{5}{9}\div\frac{5}{6}=\frac{2}{3}$　　答え $\frac{2}{3}$ kg

❸ 式 $8\frac{3}{4}\div 12\frac{1}{2}=\frac{7}{10}$　　答え $\frac{7}{10}$ 倍

てびき

❶ ⑤ $20\div\frac{8}{9}=\frac{20}{1}\div\frac{8}{9}=\frac{20\times 9}{1\times 8}$

$=\frac{45}{2}$

⑥ $1\frac{1}{8}\div 1\frac{5}{6}=\frac{9}{8}\div\frac{11}{6}=\frac{9\times 6}{8\times 11}=\frac{27}{44}$

⑦ $2\frac{1}{10}\div 3\frac{3}{5}=\frac{21}{10}\div\frac{18}{5}=\frac{21\times 5}{10\times 18}=\frac{7}{12}$

⑧ $0.6\div\frac{3}{14}=\frac{6}{10}\div\frac{3}{14}=\frac{6\times 14}{10\times 3}=\frac{14}{5}$

⑨ $\frac{7}{2}\div\frac{28}{11}\times\frac{10}{9}=\frac{7}{2}\times\frac{11}{28}\times\frac{10}{9}$

$=\frac{7\times 11\times 10}{2\times 28\times 9}=\frac{55}{36}$

⑩ $6\times\frac{5}{4}\div 4.2=\frac{6}{1}\times\frac{5}{4}\div\frac{42}{10}=\frac{6}{1}\times\frac{5}{4}\times\frac{10}{42}$

$=\frac{6\times 5\times 10}{1\times 4\times 42}=\frac{25}{14}$

❸ 赤えんぴつの長さを 1 とみるので、赤えんぴつの長さでわります。

37ページ 練習のワーク②

❶ ① $\frac{24}{5}\left(4\frac{4}{5}\right)$　② $\frac{5}{8}$　③ $\frac{10}{3}\left(3\frac{1}{3}\right)$

④ 8　⑤ $\frac{4}{3}\left(1\frac{1}{3}\right)$　⑥ $\frac{7}{2}\left(3\frac{1}{2}\right)$

⑦ $\frac{3}{2}\left(1\frac{1}{2}\right)$　⑧ 4　⑨ 4

⑩ $\frac{44}{5}\left(8\frac{4}{5}\right)$

❷ 式 $5\frac{1}{4}\times\frac{4}{9}=\frac{7}{3}$　　答え $\frac{7}{3}$ m²$\left(2\frac{1}{3}$ m²$\right)$

❸ 式 $900\div\frac{3}{11}=3300$　　答え 3300 m

てびき

❶ ③ $14\div\frac{21}{5}=\frac{14}{1}\div\frac{21}{5}=\frac{14\times5}{1\times\overset{3}{\underset{}{21}}}$
$=\frac{10}{3}$

④ $6\div\frac{3}{4}=\frac{6}{1}\div\frac{3}{4}=\frac{\overset{2}{6}\times4}{1\times\underset{1}{3}}=8$

⑦ $3.5\div\frac{7}{3}=\frac{35}{10}\div\frac{7}{3}=\frac{\overset{}{35}\times3}{\underset{2}{10}\times\underset{1}{7}}=\frac{3}{2}$

⑧ $4.8\div\frac{6}{5}=\frac{48}{10}\div\frac{6}{5}=\frac{\overset{8}{48}\times5}{\underset{2}{10}\times\underset{1}{6}}=4$

⑨ $\frac{5}{6}\div\frac{3}{8}\div\frac{5}{9}=\frac{5}{6}\times\frac{8}{3}\times\frac{9}{5}=\frac{5\times\overset{4}{8}\times\overset{3}{9}}{\underset{3}{6}\times\underset{1}{3}\times\underset{1}{5}}=4$

⑩ $9\div0.45\times\frac{11}{25}=\frac{9}{1}\div\frac{45}{100}\times\frac{11}{25}$
$=\frac{9}{1}\times\frac{100}{45}\times\frac{11}{25}=\frac{9\times\overset{4}{100}\times11}{1\times\underset{1}{45}\times\underset{5}{25}}=\frac{44}{5}$

❸ 求める数を x として、かけ算の式に表すと、
$x\times\frac{3}{11}=900$　　$x=900\div\frac{3}{11}$
$x=3300$

38ページ まとめのテスト❶

❶ ① $\frac{15}{8}\left(1\frac{7}{8}\right)$　② $\frac{7}{27}$　③ $\frac{1}{12}$　④ 8
⑤ $\frac{25}{42}$　⑥ $\frac{21}{20}\left(1\frac{1}{20}\right)$　⑦ $\frac{25}{12}\left(2\frac{1}{12}\right)$
⑧ $\frac{3}{2}\left(1\frac{1}{2}\right)$　⑨ $\frac{8}{9}$

❷ 積がかけられる数よりも小さくなる式…い
商がわられる数よりも大きくなる式…え

❸ 式 $\frac{7}{4}\div\frac{14}{5}=\frac{5}{8}$　　答え $\frac{5}{8}$ 倍

❹ 式 $2700\times\left(1-\frac{4}{9}\right)=1500$　　答え 1500 m

てびき

❶ ④ $12\div\frac{3}{2}=\frac{12}{1}\div\frac{3}{2}=\frac{\overset{4}{12}\times2}{1\times\underset{1}{3}}=8$

---

⑦ $4\frac{3}{8}\div2\frac{1}{10}=\frac{35}{8}\div\frac{21}{10}=\frac{\overset{5}{35}\times\overset{5}{10}}{\underset{4}{8}\times\underset{3}{21}}=\frac{25}{12}$

⑧ $2.7\div\frac{9}{5}=\frac{27}{10}\div\frac{9}{5}=\frac{\overset{3}{27}\times5}{\underset{2}{10}\times\underset{1}{9}}=\frac{3}{2}$

⑨ $\frac{5}{12}\times\frac{16}{9}\div\frac{5}{6}=\frac{5}{12}\times\frac{16}{9}\times\frac{6}{5}=\frac{\overset{1}{5}\times\overset{8}{16}\times\overset{1}{6}}{\underset{2}{12}\times9\times\underset{1}{5}}=\frac{8}{9}$

❷ 1より小さい分数をかけると、積はかけられる数よりも小さくなります。また、1より小さい分数でわると、商はわられる数よりも大きくなります。

❸ 国語辞典の重さを1とみるので、国語辞典の重さでわります。

❹ 家からとなり町までの道のりを1とすると、走った道のりが $\frac{4}{9}$ だから、歩いた道のりは、
$1-\frac{4}{9}=\frac{5}{9}$ と表されます。
したがって、歩いた道のりは、
$2700\times\frac{5}{9}=1500$(m)

39ページ まとめのテスト❷

❶ ① 2　② $\frac{21}{20}\left(1\frac{1}{20}\right)$　③ $\frac{4}{15}$　④ 28
⑤ $\frac{4}{21}$　⑥ $\frac{15}{8}\left(1\frac{7}{8}\right)$　⑦ $\frac{3}{2}\left(1\frac{1}{2}\right)$
⑧ $\frac{7}{3}\left(2\frac{1}{3}\right)$　⑨ 4

❷ 式 $3\frac{3}{4}\div4\frac{1}{6}=\frac{9}{10}$　　答え $\frac{9}{10}$ kg

❸ 式 $2\frac{2}{5}\div\frac{3}{8}=\frac{32}{5}$　　答え $\frac{32}{5}$ L$\left(6\frac{2}{5}$ L$\right)$

❹ 式 $300\times\left(1+\frac{1}{15}\right)=320$　　答え 320 円

てびき

❶ ④ $63\div\frac{9}{4}=\frac{63}{1}\div\frac{9}{4}=\frac{\overset{7}{63}\times4}{1\times\underset{1}{9}}=28$

⑦ $2\frac{3}{4}\div1\frac{5}{6}=\frac{11}{4}\div\frac{11}{6}=\frac{\overset{1}{11}\times\overset{3}{6}}{\underset{2}{4}\times\underset{1}{11}}=\frac{3}{2}$

⑧ $1.6\div\frac{24}{35}=\frac{16}{10}\div\frac{24}{35}=\frac{\overset{2}{16}\times\overset{7}{35}}{\underset{2}{10}\times\underset{3}{24}}=\frac{7}{3}$

⑨ $\frac{3}{7}\div\frac{5}{21}\div\frac{9}{20}=\frac{3}{7}\times\frac{21}{5}\times\frac{20}{9}$
$=\frac{\overset{1}{3}\times\overset{3}{21}\times\overset{4}{20}}{\underset{1}{7}\times\underset{1}{5}\times\underset{3}{9}}=4$

3 求める数を x として、かけ算の式に表すと、

$$x \times \frac{3}{8} = 2\frac{2}{5} \quad x = 2\frac{2}{5} \div \frac{3}{8} \quad x = \frac{32}{5}$$

4 今の利用料金を1とすると、来月からの利用料金は、$1 + \frac{1}{15} = \frac{16}{15}$ と表されます。
したがって、来月からの利用料金は、

$$300 \times \frac{16}{15} = 320(円)$$

6 データの見方

40・41ページ 基本のワーク

基本**1** ① 60.5、B　　　　　　　　　答え B

②

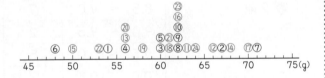

1

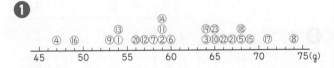

基本**2** ① 62　　　　　　　　　　答え 62

② 24、12、61、62、61、61.5　　答え 61.5

2 ① 59g　② 60g

③ 平均値　約61.1(g)、最ひん値　59(g)、中央値　60(g)

てびき **2**② B舎は卵が23個あるので、重さが軽いほうから数えて12番目の重さが中央値になります。

③ 平均値は、基本**1**より、約61.1g

42・43ページ 基本のワーク

基本**1** ① 度数分布表　　　答え

② 60、65
　　　　　　答え 60、65

③ 3、2、16、16
　　　　　答え 16、67

卵の重さ(A舎)

重さ(g)	個数(個)
45以上 ~50未満	1
50 ~55	3
55 ~60	4
60 ~65	11
65 ~70	3
70 ~75	2
合　計	24

1 ① 右の表

② 65g以上 70g未満の階級

③ 約52%

卵の重さ(B舎)

重さ(g)	個数(個)
45以上 ~50未満	2
50 ~55	3
55 ~60	6
60 ~65	3
65 ~70	7
70 ~75	2
合　計	23

基本**2** ① 柱状グラフ（ヒストグラム）

② 60、65
　　　　答え 60、65

③ 60、65、60、65
答え 60、65、60、65

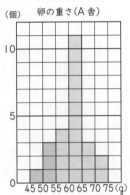

2 ①

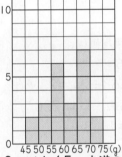

② 60g以上65g未満の階級

③ 最ひん値　55g以上60g未満の階級
中央値　60g以上65g未満の階級

てびき **1** ○以上は○をふくみ、□未満は□をふくみません。たとえば、60gは、55g以上60g未満の範囲ではなく、60g以上65g未満の範囲に入ります。

2 ② 平均値が61.1gだったので、平均値の入る階級は、60g以上65g未満の階級とわかります。

③ 最ひん値は59gなので、55g以上60g未満の階級に入ることがわかります。
中央値は60gなので、60g以上65g未満の階級に入ることがわかります。

44・45ページ 基本のワーク

基本**1**

1組

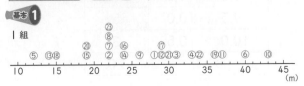

2組

```
                    ⑰
          ⑭        ⑮
   ㉔⑧⑥⑱    ㉓  ⑩         ⑰
  ⑯㉑  ㉕⑬  ①㉗    ③ ⑫    ④⑨    ⑪        ㉒
├────┼────┼────┼────┼────┼────┼────┤
10   15   20   25   30   35   40   45
                                    (m)
```

❶ ① 1組

平均値　約26.6m　最ひん値　22m　中央値　26m

2組

平均値　約23.7m　最ひん値　27m　中央値　22m

② ソフトボール投げの記録

きょり(m)	人数(人)	
	1組	2組
10以上～15未満	2	3
15　～20	3	7
20　～25	6	4
25　～30	4	5
30　～35	4	1
35　～40	2	3
40　～45	2	1
合　計	23	24

基本2 ❶ 5、50、55、70、75

答え 50、55、70、75

❷ 約11%

てびき
❶ 1組の平均値は、
611÷23＝26.56…
2組の平均値は、568÷24＝23.66…
❷ 2020年の新潟県の人口は220万人です。
25÷220×100＝11.3…

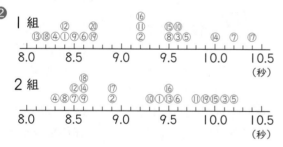

46 ページ　練習のワーク❶

❶ ① 1組

② 1組

```
                    ⑫    ⑳         ⑯
   ⑬⑱⑭①⑥⑲        ⑪              ⑮⑩        ⑭   ⑦  ⑰
                             ⑧③⑤
├────┼────┼────┼────┼────┤
8.0   8.5   9.0   9.5   10.0   10.5
                                (秒)
```

2組

```
                ⑱
          ⑫⑭        ⑰         ⑯
   ④⑧⑦⑨    ②         ⑩①⑬⑥    ⑪⑲⑮③⑤
├────┼────┼────┼────┼────┤
8.0   8.5   9.0   9.5   10.0   10.5
                                (秒)
```

③ 1組　最ひん値　9.2秒　中央値　9.2秒

2組　最ひん値　8.6秒　中央値　9.3秒

❷ ① 50m走の記録(1組)

時間(秒)	人数(人)
8.0以上～8.5未満	5
8.5　～9.0	4
9.0　～9.5	3
9.5　～10.0	5
10.0　～10.5	3
合　計	20

② 人数 8人　　割合 40%

❸ 8.5秒以上9.0秒未満の階級

てびき
❶ ① 記録の合計は、1組が182秒、
2組が174.6秒だから、平均は、
1組　182÷20＝9.1
2組　174.6÷19＝9.18…
50m走の記録なので、値の小さいほうが記録
がよいといえます。
❷ ② 3＋5＝8(人)
割合は、8÷20×100＝40(%)

47 ページ　練習のワーク❷

❶ ① 右の表

② 人数…7人

割合…約36.8%

❸ 2組

50m走の記録(2組)

時間(秒)	人数(人)
8.0以上～8.5未満	2
8.5　～9.0	7
9.0　～9.5	2
9.5　～10.0	5
10.0　～10.5	3
合　計	19

❷ ①

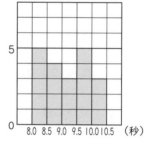

(人) 50m走の記録(1組)

②

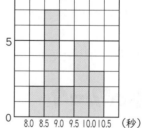

(人) 50m走の記録(2組)

てびき
❶ ② 2＋5＝7(人)
割合は、7÷19×100＝36.84…
❸ 1組の9.0秒未満の割合は、
9÷20＝0.45
2組の9.0秒未満の割合は、
9÷19＝0.473…
よって、2組の方が多い。

まとめのテスト①

1 ● 1組

● 1組

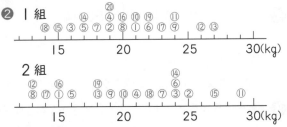

2組

● 1組　最ひん値　19kg　中央値　20kg

2組　最ひん値　24kg　中央値　20kg

2 ●
握力測定の記録（1組）

握力(kg)	人数(人)
以上　　　未満 10 ～15	1
15 ～20	8
20 ～25	9
25 ～30	2
合　計	20

● 10%

● 20kg以上25kg未満の階級

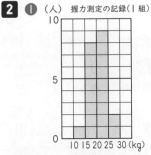

てびき　**1** ● 記録の合計は、1組が404kg、

2組が380kgだから、平均は、

1組　404÷20＝20.2

2組　380÷19＝20

2 ● 2÷20×100＝10(%)

まとめのテスト②

1 ● 右の表

● 約16%

● 20kg以上25kg未満
の階級

● 1組

握力測定の記録（2組）

握力(kg)	人数(人)
以上　　　未満 10 ～15	3
15 ～20	6
20 ～25	7
25 ～30	3
合　計	19

2 ● （人）握力測定の記録（1組）　　● （人）握力測定の記録（2組）

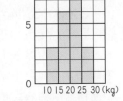

てびき　**1** ● 3÷19×100＝15.7…

● 1組の20kg以上の割合は、

11÷20＝0.55

2組の20kg以上の割合は、

10÷19＝0.526…

よって、1組の方が多い。

基本のワーク

ふくしゅう　6.28cm

基本1 ● 半径、円周、半径、半径、4、4、50.24

答え 50.24

1 ● 113.04cm² 　● 153.86cm²

基本2 4、12、12、4、113.04　答え 113.04

2 ● 式 $5×5×3.14×\frac{1}{4}=19.625$

答え 19.625cm²

● 式 $9×9×3.14×\frac{1}{2}=127.17$

答え 127.17cm²

● 式 $9×9×3.14×\frac{1}{6}=42.39$　答え 42.39cm²

てびき　**1** ● 半径は、14÷2＝7(cm)です。

2 ● 半径が9cmの円を$\frac{1}{2}$にし

たものです。

● 半径が9cmの円を$\frac{1}{6}$にした

ものです。

たしかめよう！

1 円の面積＝半径×半径×円周率

基本のワーク

基本1 8、8、8、8、4、4、150.72

答え 150.72

1 ● 式 4×4×3.14−2×2×3.14＝37.68

答え 37.68cm²

● 式 10×10×3.14−5×5×3.14×2

＝157　　　　　　　答え 157cm²

● 式 6×6×3.14−3×3×3.14＝84.78

答え 84.78cm²

● 式 7×7×3.14−2×2×3.14＝141.3

答え 141.3cm²

基本2 《1》1.14、1.14、2.28

《2》2.28　　　　　　　答え 2.28

2 ● 式 10×10−5×5×3.14＝21.5

答え 21.5cm²

● 式 6×6−3×3×3.14＝7.74

答え 7.74cm²

③ 式 $10×10×3.14-20×20÷2=114$
答え $114\,cm^2$

④ 式 $10×10×3.14×\dfrac{1}{4}-10×10÷2$
$=28.5$
$28.5×2=57$
答え $57\,cm^2$

てびき ❶ ② 半径 $10\,cm$ の円の面積から、直径 $10\,cm$ の円 2 個の面積をひきます。

③ 大きい円の半径は、$3+3=6(cm)$

④ 小さい円の半径は、$7-5=2(cm)$

❷ ① 1 辺が $10\,cm$ の正方形の面積から、半径 $5\,cm$ の円の面積をひきます。

② 1 辺が $6\,cm$ の正方形の面積から、直径 $6\,cm$ の円の $\dfrac{1}{2}$ の 2 個分、つまり直径 $6\,cm$ の円の面積をひきます。

③ 直径 $20\,cm$ の円の面積から、2 つの対角線がどちらも $20\,cm$ である正方形の面積をひきます。

④ 円の $\dfrac{1}{4}$ の面積から、三角形の面積をひいて、2 倍します。

---

54 ページ 練習のワーク❶

❶ ① $379.94\,cm^2$　② $452.16\,m^2$

❷ ① 式 $6×6×3.14×\dfrac{1}{2}=56.52$
答え $56.52\,cm^2$

② 式 $5×5×3.14×\dfrac{1}{4}=19.625$
答え $19.625\,cm^2$

❸ ① 式 $12×12×3.14-6×6×3.14$
$=339.12$　答え $339.12\,cm^2$

② 式 $9×9×3.14-7×7×3.14=100.48$
答え $100.48\,cm^2$

❹ ① 式 $5×5×3.14×\dfrac{1}{2}-6×8÷2=15.25$
答え $15.25\,cm^2$

② 式 $20×20-10×10×3.14=86$
答え $86\,cm^2$

てびき ❸ ② 小さい円の直径は、$9×2-4=14(cm)$

❹ ① 直径 $10\,cm$ の円の $\dfrac{1}{2}$ の面積から、直角三角形の面積をひきます。

② 1 辺が $20\,cm$ の正方形の面積から、直径 $20\,cm$ の円の面積をひきます。

---

55 ページ 練習のワーク❷

❶ ① $28.26\,cm^2$　② $452.16\,cm^2$

❷ ① 式 $8×8×3.14×\dfrac{1}{4}=50.24$
答え $50.24\,cm^2$

② 式 $10÷2=5$
$5×5×3.14×\dfrac{1}{2}=39.25$　答え $39.25\,cm^2$

❸ ① 式 $5×5×3.14-2×2×3.14=65.94$
答え $65.94\,cm^2$

② 式 $4×4×3.14-3×3×3.14=21.98$
答え $21.98\,cm^2$

❹ ① 式 $20×20-10×10×3.14=86$
答え $86\,cm^2$

② 式 $10×10×3.14×\dfrac{1}{4}-10×10÷2=28.5$
$28.5×2=57$　答え $57\,m^2$

てびき ❹ ① 1 辺 $20\,cm$ の正方形の面積から、半径が $10\,cm$ の円の面積をひきます。

② 円の $\dfrac{1}{4}$ の面積から、三角形の面積をひいて、2 倍します。

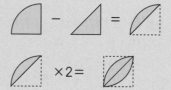

---

56 ページ まとめのテスト❶

1 $28.26\,cm^2$

2 3.14 倍

3 ① $5024\,cm^2$　② $76.93\,m^2$

4 ① 式 $6×6×3.14×\dfrac{1}{2}-2×2×3.14×\dfrac{1}{2}$
$-4×4×3.14×\dfrac{1}{2}=25.12$
答え $25.12\,cm^2$

② 式 $4×4-2×2×3.14=3.44$
答え $3.44\,cm^2$

5 $78.5\,cm^2$

てびき 1 半径は $3\,cm$ です。
$3×3×3.14=28.26(cm^2)$

2 半径が $17\,cm$ の円の面積を求める式は、
$\underline{17×17}×3.14$
下線の部分は、1 辺の長さが $17\,cm$ の正方形の面積を求める式と同じです。したがって、半径が $17\,cm$ の円の面積は、1 辺の長さが $17\,cm$ の正方形の面積の 3.14 倍になります。

3 ② $7×7×3.14×\dfrac{1}{2}=76.93(m^2)$

4 ❶ 直径12cmの円の $\frac{1}{2}$ の面積から、直径4cmの円の $\frac{1}{2}$ の面積と直径8cmの円の $\frac{1}{2}$ の面積をひきます。

❷ 円の $\frac{1}{4}$ を4個あわせるとちょうど円1個分になるので、1辺が4cmの正方形の面積から、直径4cmの円の面積をひきます。

5 この円の直径を x cmとすると、
$x×3.14=31.4$　$x=31.4÷3.14$　$x=10$
したがって、半径は5cmだから、面積は、
$5×5×3.14=78.5(cm^2)$

57ページ まとめのテスト❷

1 ❶ 式 $12×12×3.14×\frac{1}{6}=75.36$
答え $75.36\,cm^2$

❷ 式 $4×4×3.14×\frac{3}{4}=37.68$
$$\left[\begin{array}{l}4×4×3.14-\left(4×4×3.14×\frac{1}{4}\right)\\\qquad\qquad=37.68\end{array}\right]$$
答え $37.68\,cm^2$

2 ❶ 式 $9×9×3.14×\frac{1}{2}-18×9÷2=46.17$
$$\left[\begin{array}{l}\left(9×9×3.14×\frac{1}{4}-9×9÷2\right)×2\\\qquad\qquad=46.17\end{array}\right]$$
答え $46.17\,cm^2$

❷ 式 $10×10×3.14-5×5×3.14=235.5$
答え $235.5\,cm^2$

3 40、40、5024、20、20、4、4、5024

てびき **1** ❷ 半径が4cmの円を $\frac{3}{4}$ にしたものです。または、円の面積から、円の $\frac{1}{4}$ の面積をひいて求めてもよいです。

2 ❶ 半径9cmの円の $\frac{1}{2}$ の面積から、底辺18cm、高さ9cmの三角形の面積をひきます。または、円の $\frac{1}{4}$ の面積から、底辺9cm、高さ9cmの三角形の面積をひいて、2倍します。
❷ 半径10cmの円の面積から、直径10cmの円の面積をひきます。
3 あの円の半径は40cm、いの円の半径は20cmです。

⑧ 比例と反比例

58・59ページ 基本のワーク

基1 《1》 45、45、45、45、450
《2》 0.8、0.8、0.8、0.8、0.8、450　答え 450
1 ❶ 式 $1800÷15=120$　答え 120倍
❷ 式 $10×120=1200$　答え 1200cm(12m)
❸ $y=1.5×x$
❹ 式 $1800=1.5×x$　$x=1800÷1.5$
$x=1200$　答え 1200cm(12m)

基2 ❶ 比例、2、3、 $\frac{1}{2}$ 、 $\frac{1}{3}$ 　答え いえる。
❷ 4、4、4、4　答え $y=4×x$
❸ 28、8、32　答え 28、32
❹ 12、48　答え 48
2 ❶ 64cm　❷ 15分後

てびき **1** 針金の長さは重さに比例すると考えます。
❸ x の値が10のとき、y の値は15だから、比例の式のきまった数は、$15÷10=1.5$
❹ $y=1.5×x$ の y に1800をあてはめます。
2 ❶ $y=4×x$ の x に16をあてはめます。
$y=4×16=64$
❷ $y=4×x$ の y に60をあてはめます。
$60=4×x$　$x=60÷4=15$

たしかめよう!
2 比例の式　$y=$ きまった数 $×x$

60・61ページ 基本のワーク

基1 y 、直線　答え 下の図

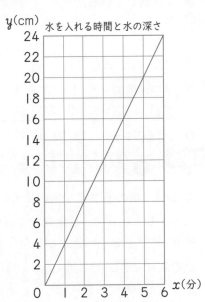

水を入れる時間と水の深さ
y(cm) / x(分)

1 **❶** 右の図
　❷ 100g
　❸ 6m

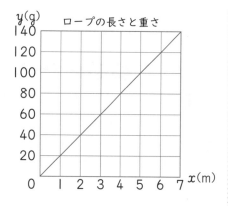

ロープの長さと重さ

基本2 **❶** 80　　　　　　　　　　答え 80
　❷ 1.5　　　　　　　　　　答え 1.5
　❸ 1、1　　　　　　　　　答え 60、40

2 **❶** 1200m　**❷** 2分
　❸ けんたさん　分速400m
　　　　えりさん　分速200m

てびき
　❶ **❶** 表の x の値と y の値の組を表す点をとって、直線で結びます。かならず0の点を通るようにかきましょう。
　❷ x の値が5のときの y の値は100です。
　❸ y の値が120のときの x の値は6です。
　❷ **❶** えりさんのグラフで、x の値が6のときの y の値は1200です。
　❷ けんたさんのグラフで、y の値が800のときの x の値は2です。
　❸ それぞれのグラフで、x の値が1のときの y の値をよみ取ります。

62・63ページ **基本のワーク**

基本1 反比例、$\frac{1}{2}$、$\frac{1}{3}$、$\frac{1}{4}$　　答え いえる。
❶ **❶** 反比例している。　**❷** 反比例していない。
　❸ 反比例している。
基本2 **❶** 36、36、36、36　　答え $y=36\div x$
　❷ 4.5　　　　　　　　　答え 4.5
　❸ 10、10、3.6　　　　　答え 3.6
2 **❶**

水の体積x(L)	1	2	3	4	5	6
時間　y(分)	60	30	20	15	12	10

　❷ $y=60\div x$　**❸** 24分

てびき
　❶ **❶** 縦の長さが2倍、3倍、……になると、横の長さが $\frac{1}{2}$ 倍、$\frac{1}{3}$ 倍、……になります。したがって、反比例しています。
　❷ 時間が1分 → 2分と2倍になるとき、残りの量は27L → 24Lと $\frac{1}{2}$ 倍にはなりません。したがって、反比例していません。

---

　❸ 時速が2倍、3倍、……になると、時間が $\frac{1}{2}$ 倍、$\frac{1}{3}$ 倍、……になります。したがって、反比例しています。
2 **❷** │1分間あたりに入れる水の体積│
×│時間│＝│水そうの容積│
だから、$x\times y=60$　　$y=60\div x$
　❸ $y=60\div x$ の x に2.5をあてはめます。
　　　$y=60\div2.5=24$

たしかめよう！
　2 反比例の式　$y=$ きまった数 $\div x$

64・65ページ **基本のワーク**

基本1 **❶** 18　　　　　　　　答え $y=18\div x$
　❷ 答え 下の図(●印)
　❸ 1.8、1.5、1.2　　　答え 下の図(■印)
2 下の図(▲印)

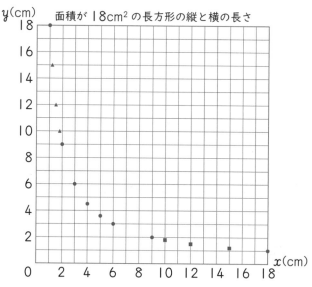

面積が 18cm² の長方形の縦と横の長さ

基本2 4、4、4、4、4、20　　　答え 20
2 **❶** $y=\frac{5}{6}\times x$　**❷** 35分

てびき
　2 **❶** きまった数 $=5\div6=\frac{5}{6}$

66ページ **練習のワーク❶**

1 **❶**

横の長さx(cm)	1	2	3	4	5	6
面積　y(cm²)	5	10	15	20	25	30

　❷ $y=5\times x$　**❸** 45cm²

② グラフ
右の図

面積
12.5cm²
横の長さ
4.5cm

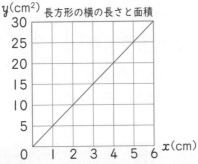
長方形の横の長さと面積

❸ ①
縦の長さx(cm)	1	2	3	4	5	6
横の長さy(cm)	48	24	16	12	9.6	8

② $y=48÷x$　③ 4.8cm

てびき　**❶** ③ $y=5×x$ の x に 9 をあてはめます。$y=5×9=45$
❸ ③ $y=48÷x$ の x に 10 をあてはめます。
$y=48÷10=4.8$

67ページ　練習のワーク②

❶ ① $y=50×x$　② 400km　③ 14 時間
❷ 2m
❸ ① $y=9÷x$　② 0.5 時間　③ 時速 2.5km

てびき　**❶** ② $y=50×x$ の x に 8 をあてはめます。$y=50×8=400$
③ $y=50×x$ の y に 700 をあてはめます。
$700=50×x$　$x=700÷50$　$x=14$
❷ グラフで、y の値が 300 のときの x の値をよみ取ると、リボンあは 1、リボンいは 3 です。
したがって、長さのちがいは、$3-1=2$(m)
❸ ② $y=9÷x$ の x に 18 をあてはめます。
$y=9÷18=0.5$
③ $x×y=9$ の y に 3.6 をあてはめます。
$x×3.6=9$　$x=9÷3.6$　$x=2.5$

68ページ　まとめのテスト①

1 ① 反比例している。　② 比例している。
③ 比例も反比例もしていない。
2 ① $y=4×x$　② 8cm²　③ 2.5cm
3 ① $y=1200÷x$　② 80mL

てびき　**1** 比例は、x の値が□倍になると、y の値も□倍になる関係です。
反比例は、x の値が□倍になると、y の値が $\frac{1}{□}$ 倍になる関係です。
③は、どちらにもあてはまりません。
2 ② グラフから、x の値が 2 のときの y の値をよみ取ります。

3 ② $y=1200÷x$ の x に 15 をあてはめます。
$y=1200÷15=80$

69ページ　まとめのテスト②

1 ① 反比例している。　式 $y=800÷x$
② 比例している。　式 $y=120×x$
2 ① 3600 円　② 9m
3 ① $y=90÷x$　② 6分　③ 7.5L

てびき　**2** ② x と y の関係を式に表すと、
$y=300×x$ この式の y に 2700 をあてはめます。$2700=300×x$　$x=2700÷300$
$x=9$
3 ② $y=90÷x$ の x に 15 をあてはめます。
$y=90÷15=6$
③ $x×y=90$ の y に 12 をあてはめます。
$x×12=90$　$x=90÷12=7.5$

⑨ 角柱と円柱の体積

70・71ページ　基本のワーク

答 **①** ① 8　答え $y=8×x$
② 底面積、底面積、8、56　答え 56
❶ 96cm³
答 **②** 底面積
① 8、12、12、72　答え 72
② 3、8、28、28、84　答え 84
❷ ① 126cm³　② 414cm³
③ 80cm³　④ 384cm³
答 **③** 底面積、4、4、50.24、50.24、150.72
答え 150.72
❸ ① 549.5cm³　② 4710cm³

てびき　**❷** ① 底面積は、$7×6÷2=21$(cm²)
体積は、$21×6=126$(cm³)
② 底面積は、
$12×5÷2+13×6÷2=69$(cm²)
体積は、$69×6=414$(cm³)
③ 底面積は、$4×5÷2=10$(cm²)
体積は、$10×8=80$(cm³)
④ 底面積は、$(6+10)×4÷2=32$(cm²)
体積は、$32×12=384$(cm³)
❸ ① 底面積は、$5×5×3.14=78.5$(cm²)
体積は、$78.5×7=549.5$(cm³)
② 底面積は、$10×10×3.14=314$(cm²)
体積は、$314×15=4710$(cm³)

72 ページ 練習のワーク

❶ ① 250cm³ ② 120cm³
　 ③ 168cm³ ④ 1300cm³
❷ ① 339.12cm³ ② 1177.5cm³
❸ 37.68cm³

てびき

❶ ② 底面積は、8×5÷2＝20(cm²)
体積は、20×6＝120(cm³)
③ 底面積は、(5＋9)×6÷2＝42(cm²)
体積は、42×4＝168(cm³)
④ 底面積は、
　　20×7÷2＋20×6÷2＝130(cm²)
体積は、130×10＝1300(cm³)
❷ ① 底面積は、6×6×3.14＝113.04(cm²)
体積は、113.04×3＝339.12(cm³)
② 底面積は、5×5×3.14＝78.5(cm²)
体積は、78.5×15＝1177.5(cm³)
❸ 組み立てると円柱ができます。底面の半径は
2cm で、円柱の高さは 3cm です。
底面積は、2×2×3.14＝12.56(cm²)
体積は、12.56×3＝37.68(cm³)

73 ページ まとめのテスト

■ ① 150cm³ ② 864cm³ ③ 476cm³
　 ④ 50cm³ ⑤ 301.44cm³ ⑥ 282.6m³
② 30cm³
③ ① 205cm³ ② 552.64cm³

てびき

■ ② 底面積は、
　　9×12÷2＝54(cm²)
体積は、54×16＝864(cm³)
③ 底面積は、
　　8×4÷2＋8×13÷2＝68(cm²)
体積は、68×7＝476(cm³)
④ 底面が台形の四角柱です。
底面積は、(2＋3)×4÷2＝10(cm²)
体積は、10×5＝50(cm³)
⑥ 底面積は、3×3×3.14＝28.26(m²)
体積は、28.26×10＝282.6(m³)
② 組み立てると三角柱ができます。底面の三角
形は、底辺が 4cm、高さが 3cm です。また、
三角柱の高さは 5cm です。
③ ① 底面は、正方形から三角形をひいた形です。
底面積は、7×7－4×4÷2＝41(cm²)

体積は、41×5＝205(cm³)
② 底面は、円を $\frac{1}{4}$ にした形です。
底面積は、8×8×3.14×$\frac{1}{4}$＝50.24(cm²)
体積は、50.24×11＝552.64(cm³)

⑩ 比

74・75 ページ 基本のワーク

基本1 ① 5、5、比　　　　　　　答え 3、5
　 ② 値、3、　　　　　　　　答え $\frac{3}{5}$
　　　＝
❶ 比 7:9　　比の値 $\frac{7}{9}$
❷ ① $\frac{1}{4}$　② $\frac{8}{3}$　③ $\frac{2}{3}$
❸ あ、う
基本2 ①　　　　　　　答え 2、2、14、3、3、5
　 ②

÷③ ↓
12:15＝4:⑤
÷③ ↑

×② ↓
12:15＝㉔:30
×② ↑

×$\frac{4}{3}$ ↓
12:15＝16:⑳
×$\frac{4}{3}$ ↑

答え 5、24、20

❹ ① (例) 1:2、3:6、4:8
　 ② (例) 16:10、24:15、32:20
　 ③ (例) 7:6、21:18、28:24
　 ④ (例) 7:1、14:2、28:4

てびき

❶ 比の値は、7÷9＝$\frac{7}{9}$
❷ ③ 6÷9＝$\frac{6}{9}$＝$\frac{2}{3}$
約分できるときは約分します。
❸ 3:4 の比の値は、3÷4＝$\frac{3}{4}$
あ 6÷8＝$\frac{6}{8}$＝$\frac{3}{4}$　　い 10÷8＝$\frac{10}{8}$＝$\frac{5}{4}$
う 15÷20＝$\frac{15}{20}$＝$\frac{3}{4}$　　え 24÷18＝$\frac{24}{18}$＝$\frac{4}{3}$
❹ 両方の数に同じ数をかけたり、同じ数でわっ
たりして、等しい比をつくります。

76・77 ページ 基本のワーク

基本1 簡単、3、3、3、3、4、8、8、8、3、4
答え 等しい。

❶ ❶ 2：3　❷ 5：7　❸ 1：4　❹ 5：3
📢❷ ❶ 10、18、2、3　　　答え 2、3
　❷ 21、14、6、7　　　答え 6、7
❷ ❶ 1：3　❷ 4：7　❸ 5：3
　❹ 1：6　❺ 4：9　❻ 7：6
　❼ 20：3　❽ 2：15
📢❸ 50、50、4、1　　　答え 4：1：1
❸ 6：4：3

てびき
❶ 2つの数の最大公約数で両方の数を
わります。
　❶ 8：12＝(8÷4)：(12÷4)＝2：3
　❷ 10：14＝(10÷2)：(14÷2)＝5：7
　❸ 6：24＝(6÷6)：(24÷6)＝1：4
　❹ 35：21＝(35÷7)：(21÷7)＝5：3
❷ 整数の比になおしてから簡単にします。
　❶ 0.3：0.9＝(0.3×10)：(0.9×10)
　　＝3：9＝1：3
　❷ 1.6：2.8＝(1.6×10)：(2.8×10)
　　＝16：28＝4：7
　❸ 3：1.8＝(3×10)：(1.8×10)＝30：18
　　＝5：3
　❹ 0.25：1.5＝(0.25×100)：(1.5×100)
　　＝25：150＝1：6
　❺ $\frac{1}{3}$：$\frac{3}{4}$＝$(\frac{1}{3}×12)$：$(\frac{3}{4}×12)$＝4：9
　❻ $\frac{7}{15}$：$\frac{2}{5}$＝$(\frac{7}{15}×15)$：$(\frac{2}{5}×15)$＝7：6
　❼ $\frac{5}{6}$：$\frac{1}{8}$＝$(\frac{5}{6}×24)$：$(\frac{1}{8}×24)$＝20：3
　❽ $\frac{4}{5}$：6＝$(\frac{4}{5}×5)$：(6×5)＝4：30＝2：15
❸ 1200：800：600
　＝(1200÷200)：(800÷200)：(600÷200)
　＝6：4：3

📖78・79ページ 基本のワーク

📢❶ 《1》$\frac{4}{5}$、$\frac{4}{5}$、64　《2》16、64
　　　　　　　　　　　　　答え 64
❶ 式 90×$\frac{4}{3}$＝120　　　答え 120mL
❷ ❶ x＝14　❷ x＝24　❸ x＝5
　❹ x＝7
📢❷ 8
　《1》$\frac{5}{8}$、$\frac{5}{8}$、25　《2》5、25
　　　　　　　　　　　　　答え 25
❸ 式 100×$\frac{3}{5}$＝60　100−60＝40
　　　　　　　答え 60cmと40cm

📢❸　　　　　　　答え ⓘ、ⓤ、ⓔ
❹ 7、8.2、82（または、82、8.2、7）
　つった魚の全長…70cm

てびき
❶ 次のように求めることもできます。
　オリーブ油の量を x mL とすると、酢とオリー
　ブ油の量の比を3：4にするから、
　　3：4＝90：x
　　90は3の30倍だから、x も4の30倍で、
　　x＝4×30＝120
❷ ❶ 21＝3×7　　x＝2×7＝14
　❷ 54＝9×6　　x＝4×6＝24
　❸ 3＝9÷3　　x＝15÷3＝5
　❹ 8＝64÷8　　x＝56÷8＝7
❸ 次のように求めることもできます。
　リボンを2つに分けたときの長いほうの長さを
　x cm とすると、x cm と全体の長さ 100cm
　の比を3：5にするから、3：5＝x：100
　100＝5×20だから、x＝3×20＝60
　長いほうが60cmだから、短いほうは、
　　　100−60＝40(cm)
❹ （写真の中の魚の全長）：（写真の中の新聞の横の長さ）
　＝（魚の全長）：（新聞の横の長さ）
　と考えて、7：8.2＝x：82
　　82＝8.2×10　　x＝7×10＝70
　または、
　（新聞の横の長さ）：（写真の中の新聞の横の長さ）
　＝（魚の全長）：（写真の中の魚の全長）
　と考えて、82：8.2＝x：7
　82：8.2を簡単にすると10：1だから、
　　10：1＝x：7　　7＝1×7
　　x＝10×7＝70

📖80ページ 練習のワーク❶

❶ ❶ $\frac{4}{5}$　❷ $\frac{2}{9}$　❸ 7
❷ ❶ 7：4　❷ 3：1　❸ 15：14
❸ ❶ x＝9　❷ x＝90
　❸ x＝5　❹ x＝7
❹ 式 320×$\frac{7}{8}$＝280　　　答え 280g
❺ 式 42×$\frac{3}{7}$＝18　　　答え 18個

てびき
❶ ❸ 56÷8＝7
❷ ❷ 5.1：1.7＝(5.1×10)：(1.7×10)
　　＝51：17＝3：1
　❸ $\frac{5}{8}$：$\frac{7}{12}$＝$(\frac{5}{8}×24)$：$(\frac{7}{12}×24)$＝15：14

21

③ ❶ $x=3\times3=9$

② $x=6\times15=90$

③ $x=60\div12=5$

④ $x=0.7\times10=7$

④ 次のように求めることもできます。

牛乳の重さをxgとすると、ホットケーキのもとと牛乳の重さの比が8:7だから、

$\quad 8:7=320:x \quad x=7\times40=280$

⑤ 次のように求めることもできます。

しゃけのおにぎりの個数をx個とすると、x個と42個の比が3:7だから、

$\quad 3:7=x:42 \quad x=3\times6=18$

81ページ 練習のワーク❷

❶ ❶ 10:3　❷ 3:8

❷ ⓘ、ⓔ

❸ ❶ 2:3　❷ 3:2　❸ 1:3　❹ 20:9

❹ ❶ $x=25$　❷ $x=28$　❸ $x=2$　❹ $x=10$

❺ ❶ 式 $25\times\dfrac{3}{5}=15$　　　　答え 15人

❷ 式 $4600\times\dfrac{3}{5}=2760$　　答え 2760人

てびき

❷ ⓘ $6:15=(6\div3):(15\div3)=2:5$

ⓔ $14:35=(14\div7):(35\div7)=2:5$

❸ ❸ $0.9:2.7=(0.9\times10):(2.7\times10)$
$\quad =9:27=1:3$

❹ $\dfrac{5}{6}:\dfrac{3}{8}=\left(\dfrac{5}{6}\times24\right):\left(\dfrac{3}{8}\times24\right)=20:9$

❺ ❶ 次のように求めることもできます。

中学生の人数をx人とすると、小学生と中学生の人数の比を5:3にするから、

$\quad 5:3=25:x \quad x=3\times5=15$

82ページ まとめのテスト❶

❶ ⓘ、ⓤ、ⓞ

❷ ❶ 3:5　❷ 9:1　❸ 5:6

❸ ❶ $x=18$　❷ $x=7$

❸ $x=12$　❹ $x=28$

❹ 式 $200\times\dfrac{4}{5}=160$　　　　答え 160g

❺ 式 $40\times\dfrac{7}{10}=28$　　　　答え 28cm

てびき

❶ 比の値を求めて比べましょう。

3:2の比の値は、$3\div2=\dfrac{3}{2}$　　ⓐ $2\div3=\dfrac{2}{3}$

ⓘ $9\div6=\dfrac{9}{6}=\dfrac{3}{2}$　　ⓤ $15\div10=\dfrac{15}{10}=\dfrac{3}{2}$

ⓔ $60\div30=\dfrac{60}{30}=2$　　ⓞ $75\div50=\dfrac{75}{50}=\dfrac{3}{2}$

---

❷ ❷ $2.7:0.3=(2.7\times10):(0.3\times10)$
$\quad =27:3=9:1$

❸ $\dfrac{5}{8}:\dfrac{3}{4}=\left(\dfrac{5}{8}\times8\right):\left(\dfrac{3}{4}\times8\right)=5:6$

❸ ❶ $x=2\times9=18$

② $x=49\div7=7$

③ $x=2\times6=12$

④ $x=4\times7=28$

❹ 次のように求めることもできます。

ぶた肉の重さをxgとすると、牛肉とぶた肉の重さの比を5:4にするから、

$\quad 5:4=200:x \quad x=4\times40=160$

❺ 次のように求めることもできます。

縦と横の長さの和は40cmだから、横の長さを$x$cmとすると、

$\quad 7:10=x:40 \quad x=7\times4=28$

83ページ まとめのテスト❷

❶ ⓚ、ⓒ

❷ ❶ 3:5　❷ 5:8　❸ 5:9

❹ 1:50　❺ 32:15　❻ 3:2

❸ ❶ $x=40$　❷ $x=3$　❸ $x=1$　❹ $x=\dfrac{16}{5}$

❹ 式 $12.4\times\dfrac{5}{4}=15.5$　　答え 15.5cm

❺ 式 $220\times\dfrac{7}{11}=140$　　答え 140枚

てびき

❶ 比を簡単にして比べます。

ⓐ 4:9　ⓘ $5:15=1:3$

ⓤ $8:16=1:2$　ⓔ $15:10=3:2$

ⓞ 9:4　ⓚ $12:26=6:13$

ⓚ $35:60=7:12$　ⓚ 7:15

ⓚ $18:28=9:14$　ⓒ $14:24=7:12$

❷ ❹ $0.4:20=(0.4\times10):(20\times10)$
$\quad =4:200=1:50$

❺ $\dfrac{8}{3}:\dfrac{5}{4}=\left(\dfrac{8}{3}\times12\right):\left(\dfrac{5}{4}\times12\right)=32:15$

❻ $2.4:\dfrac{8}{5}=\dfrac{24}{10}:\dfrac{8}{5}$
$\quad =\left(\dfrac{24}{10}\times10\right):\left(\dfrac{8}{5}\times10\right)=24:16=3:2$

❸ ❶ $x=5\times8=40$

② $x=\dfrac{1}{3}\times9=3$

③ $x=5\div5=1$

④ $x=4\times\dfrac{4}{5}=\dfrac{16}{5}$

❹ 次のように求めることもできます。

横の長さを$x$cmとすると、縦の長さと横の長さの比が4:5だから、

$\quad 4:5=12.4:x \quad x=5\times3.1=15.5$

22

5 次のように求めることもできます。

弟がもらう枚数を x 枚とすると、弟がもらう枚数と全部のカードの枚数の比が 7：11 だから、

7：11＝x：220　x＝7×20＝140

⑪ 拡大図と縮図

84・85ページ 基本のワーク

基本1 拡大図、縮図、スソ、2、拡大図、サシ、2、縮図　　　答え ㋔、㋓

① ❶ 2倍　❷ ㋓の図は、㋔の図の $\frac{1}{4}$ の縮図です。

基本2 2　　　　　　　　　　　　　答え 下の図

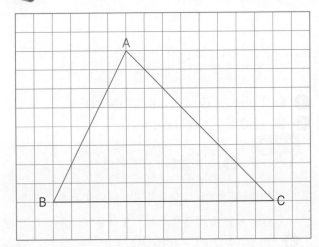

②

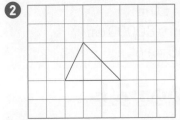

③ 拡大図

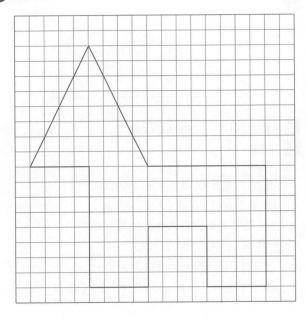

縮図

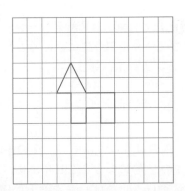

てびき ❶❷ ㋓と㋔は、対応する辺の長さの比がすべて 1：4 になっています。

❷ 辺イウに対応する辺は、3目もり分の長さになります。

86・87ページ 基本のワーク

基本1 答え

①（70°、60°の四角形）

基本2 2、2、A、拡大

答え

②

基本3 答え

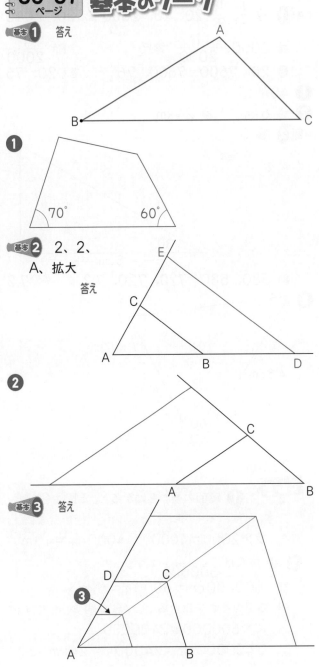

23

① たとえば、対角線**アウ**をかくと、三角形**アイウ**と三角形**アウエ**に分けることができるので、それぞれの辺を$\frac{1}{2}$にして2つの三角形をかくと、四角形**アイウエ**の$\frac{1}{2}$の縮図になります。

② 辺BAをAのほうにのばして、その直線上にBAの長さの2倍になる点をとります。また、辺BCをCのほうにのばした直線上にBCの長さの2倍になる点をとります。

③ 辺AB、対角線AC、辺ADのまん中の点をとって、それらを結びます。

88・89 ページ 基本のワーク

基本1 **①** $\frac{1}{3}$、$\frac{1}{3}$、20、20、2000 答え 20、2000

② 2000、$\frac{1}{2000}$、縮尺 答え $\frac{1}{2000}$

③ 20、7600、7600、76 答え 20、76

❶ 40m

❷ **①** 6km **②** 24km

基本2 **①** 5

答え

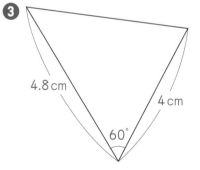

② 580、580、720、720、7.2 答え 7.2

❸

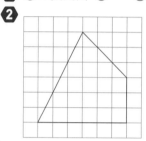

22.5m

❶ 縮図の長さをはかると、EFは2cmです。
$$2 \times 2000 = 4000 \qquad 4000cm = 40m$$

❷ **①** 縮尺は$\frac{1}{600000}$です。
$$600000cm = 6000m = 6km$$

② 縮図の長さをはかると、ABは約4cmです。
$$4 \times 600000 = 2400000$$
$$2400000cm = 24000m = 24km$$

③ 縮図では、ACに対応する辺の長さは、
$$2400 \div 500 = 4.8(cm)$$
BCに対応する辺の長さは、
$$2000 \div 500 = 4(cm)$$
となります。縮図をかいて、ABに対応する辺の長さをはかると、約4.5cmです。
$$4.5 \times 500 = 2250$$
$$2250cm = 22.5m$$

90 ページ 練習のワーク

❶ ⑤の拡大図 ⑤ ⑥の縮図 ⑧

❷

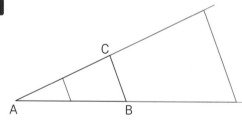

❸ **①** 1cm **②** 1.5cm **③** 60°

❹ **①** 150m **②** 16cm

❸ $\frac{1}{2}$の縮図では、対応する辺の長さはもとの図形の$\frac{1}{2}$になります。対応する角の大きさは、もとの図形と等しくなります。

❹ **①** $3 \times 5000 = 15000$
$$15000cm = 150m$$

② $0.8km = 800m = 80000cm$
$$80000 \div 5000 = 16$$

91 ページ まとめのテスト

1 **①** 32cm **②** 24cm **③** 45°

2

3 **①** 120m **②** 0.7cm

4 9倍

1 **①** $8 \times 4 = 32(cm)$

② $6 \times 4 = 24(cm)$

③ 対応する角の大きさは等しいので、45°

3 **①** $4 \times 3000 = 12000$
$$12000cm = 120m$$

② $21m = 2100cm$ $2100 \div 3000 = 0.7$

4 もとの長方形の面積は、7×10＝70(cm²)

拡大図の面積は、

(7×3)×(10×3)＝630(cm²)

630÷70＝9(倍)

● およその面積と体積

📓92・93ページ 学びのワーク

📢**1** 10、10、170、10、70、170、70、
11900、12000　　　　　答え 12000

1 ❶ 約40cm²　　❷ 約2800cm²

📢**2** 30、30、900、900、40、36000
　　　　　　　　　　　　答え 36000

2 ❶ 約940cm³　　❷ 約11000cm³

3 ❶ 約75000cm³　❷ 約59000cm³

てびき

1 ❶ 底辺が8cm、高さが5cmの平行四辺形とみて計算します。8×5＝40

❷ 底辺が80cm、高さが70cmの三角形とみて計算します。80×70÷2＝2800

2 ❶ 底面積は、5×5×3.14＝78.5(cm²)
体積は、78.5×12＝942(cm³)

❷ 18×21×30＝11340

3 ❶ 50×50×30＝75000

❷ 底面積は、25×25×3.14＝1962.5(cm²)
体積は、1962.5×30＝58875(cm³)

⑫ 並べ方と組み合わせ

📓94・95ページ 基本のワーク

📢**1** 6、6、6、24　　千の位　百の位　十の位　一の位
　　　　　　　　答え 24

```
        ┌ 3 ─ 4
     2 ─┤
        └ 4 ─ 3
        ┌ 2 ─ 4
 1 ─ 3 ─┤
        └ 4 ─ 2
        ┌ 2 ─ 3
     4 ─┤
        └ 3 ─ 2
```

1 6通り

📢**2** 12　　　　　　　　　　答え 12

```
  あ       い       あ       い       あ       い       あ       い
   ┌青     ┌赤       ┌赤     ┌赤
赤─┤黄  青─┤黄  黄─┤青  緑─┤青
   └緑     └緑       └緑     └青
```

2 12通り

📢**3** 《1》 Aの対戦　A－B　A－C　A－D
　　　　Bの対戦　B～A　B－C　B－D
　　　　Cの対戦　C～A　C～B　C－D
　　　　Dの対戦　D～A　D～B　D～C

《3》表1

	A	B	C	D
	○	○	○	
		○		○
			○	○
			○	
				○

　　　　　　　　　　　　答え 6

3 ❶ 赤－青、赤－黄、赤－緑、赤－茶、青－黄、
青－緑、青－茶、黄－緑、黄－茶、緑－茶

❷ 10通り

てびき

1 下の図のように、6通りあります。

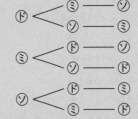

1番目　2番目　3番目

```
  ┌ ミ ─ ソ
ド─┤
  └ ソ ─ ミ
  ┌ ド ─ ソ
ミ─┤
  └ ソ ─ ド
  ┌ ド ─ ミ
ソ─┤
  └ ミ ─ ド
```

2 下の図のように、12通りあります。

```
 図   給    図   給    図   給    図   給
  く             し             し             し
し─あ  く─あ  あ─く  み─く
  み    し     み    あ     み    み     あ
```

📓96・97ページ 基本のワーク

📢**1** ❶ 答え

パ	チ	マ	キ
○	○	○	
○	○		○
○		○	○
	○	○	○

❷ 4、4　　　　　　　　答え 4

1 ❶

あ	み	け	ゆ	し
○	○	○	○	
○	○	○		○
○	○		○	○
○		○	○	○
	○	○	○	○

❷ 5通り

📢**2** ❶ 9　　　　　　　　答え 9

❷ 9、27、7　　　　　　　答え 7

2 オムライス－ポテトサラダ－ジュース
パスター野菜サラダ－ジュース
パスター ポテトサラダ－紅茶

25

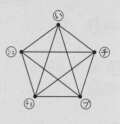

てびき ❶❷ 5人の中からそうじ当番の4人を決めるのは、そうじ当番にならない1人を決めることと同じです。
❷ 基本2 ❷ の答えの7通りの中から、合計が1380円になるものをさがします。

98 ページ 練習のワーク❶

❶ 24通り
❷ 12通り
❸ 6通り
❹ 4通り
❺ 5通り

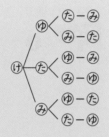

てびき ❶ 左はしにけんじさんが座る座り方は、右の図のように6通りあります。左はしがゆみさん、たくやさん、みきさんの場合も、座り方はそれぞれ6通りあるから、座り方は全部で、
　6×4＝24(通り)
❷ お姉さんが赤のとき、ゆきさんの選び方はピンク、黄、青の3通りあります。お姉さんがピンク、黄、青の場合も、ゆきさんの選び方はそれぞれ3通りあるから、2人の選び方は全部で、
　3×4＝12(通り)
❸ 右の表のように、6通りあります。

	け	父	母	姉
け		○	○	○
父			○	○
母				○
姉				

❹ 残す1枚を選ぶことと同じなので、組み合わせは4通りあります。
❺ 電－自、電－船、電－歩、車－自、車－船
の5通りあります。

99 ページ 練習のワーク❷

❶ 1035、1053、1305、1350、1503、1530、3015、3051、3105、3150、3501、3510、5013、5031、5103、5130、5301、5310
❷ 20通り
❸ 10通り
❹ 5通り
❺ 6通り

てびき ❷ 班長があいさんのとき、副班長の決め方は、右の図のように4通りあります。班長がかなさん、さつきさん、たかこさん、なつみさんの場合も、副班長の決め方はそれぞれ4通りあるから、決め方は全部で、
　4×5＝20(通り)

班長　副班長

❸ 右の図の五角形で、頂点と頂点を結ぶ線は、2種類の組み合わせを表しています。線の数を数えると10本あるので、これが組み合わせの数になります。

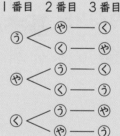

❹ 残す1種類を選ぶことと同じなので、組み合わせは5通りあります。
❺ も－卵、み－野、み－卵、洋－ポ、洋－野、洋－卵
の6通りあります。

100 ページ まとめのテスト

① 6通り
② 34、35、36、43、45、46、53、54、56、63、64、65
③ 6通り
④ 4通り
⑤ 7通り

てびき ① 右の図のように、6通りあります。

1番目　2番目　3番目

③ 算－国、算－理、算－社、国－理、国－社、理－社
の6通りあります。
④ 遊ばない1種類を選ぶことと同じなので、組み合わせは4通りあります。
⑤ あ－い－う、あ－い－え、あ－い－お、あ－う－え、あ－う－お、あ－え－お、い－う－え
の7通りあります。

● 算数を使って考えよう

101・102 ページ 学びのワーク

基本① 1 186、6.2、8、6

答え 平均値 6.2（点）、最ひん値 8（点）、中央値 6（点）

1 説明 データの平均値の 6.2 点より高いから、さとしさんの点数は高いほうです。

2 2点以上4点以下…約23%
5点以上7点以下…約37%
8点以上10点以下…40%

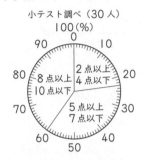

小テスト調べ（30人）

基本② 2 5、20、20、20、1256

答え 1256

3 ① 3倍
② 7倍

基本③ 3 180、720、反比例、24、24

答え 24

4 28人

てびき

2 2点以上4点以下
$7 \div 30 \times 100 = 23.3\cdots$ より、約23%
5点以上7点以下
$11 \div 30 \times 100 = 36.6\cdots$ より、約37%
8点以上10点以下
$12 \div 30 \times 100 = 40$ より、40%

3 ① 50点の部分の面積は、
$10 \times 10 \times 3.14 - 5 \times 5 \times 3.14$
$= 235.5 (\text{cm}^2)$
100点の部分の面積は、
$5 \times 5 \times 3.14 = 78.5 (\text{cm}^2)$
よって、$235.5 \div 78.5 = 3$（倍）
② 10点の部分の面積は、
$20 \times 20 \times 3.14 - 15 \times 15 \times 3.14$
$= 549.5 (\text{cm}^2)$
よって、$549.5 \div 78.5 = 7$（倍）
4 1人で作ると、$5 \times 140 = 700$（分）かかります。
人数をx人、かかる時間をy分とすると、yはxに反比例しています。25分で作るとき、求める人数は、

$700 \div 25 = 28$ より、28人と計算することができます。

● 算数のまとめ

103 ページ まとめのテスト①

1 ① 4、8、2、7
② 50000000000
2 ① 12000　**②** 41000000
3 ① 20　**②** 54
4 ① 6　**②** 4
5 奇数 5687　偶数 8756
6 ① $\dfrac{1}{2}$　**②** $\dfrac{4}{5}$　**③** $\dfrac{7}{3}$
7 ① $\left(\dfrac{6}{9}, \dfrac{1}{9}\right)$　**②** $\left(\dfrac{15}{60}, \dfrac{18}{60}, \dfrac{25}{60}\right)$
8 ① <　**②** >　**③** >

てびき

1 ② $\dfrac{1}{100}$ にすると、位が2けた下がります。

			兆				億				万				千	百	十	一
			5	0	0	0	0	0	0	0	0	0	0	0	0	0	0	0
					5	0	0	0	0	0	0	0	0	0	0	0	0	0

2 ② 一万の位の数字を四捨五入します。
1000000
40983000

7 ② 4、10、12 の最小公倍数である 60 が共通な分母になります。

8 ① $\dfrac{4}{7} = \dfrac{20}{35}$、$\dfrac{3}{5} = \dfrac{21}{35}$ だから、$\dfrac{4}{7} < \dfrac{3}{5}$
② $\dfrac{3}{8} = 3 \div 8 = 0.375$ だから、$0.4 > \dfrac{3}{8}$
③ $1\dfrac{1}{6} = \dfrac{7}{6} = 7 \div 6 = 1.16\cdots$ だから、$1.2 > 1\dfrac{1}{6}$

104 ページ まとめのテスト②

1 ① 10705　**②** 98　**③** 320424
④ 403　**⑤** 12.8　**⑥** 7.39
⑦ 21.39　**⑧** 29.25　**⑨** 3.5
⑩ 10.4

2 式 $16.1 \div 3.8 = 4$ あまり 0.9
答え 4ふくろできて、0.9kg あまる。

3 小数 1.8m^2　分数 $\dfrac{9}{5}\text{m}^2\left(1\dfrac{4}{5}\text{m}^2\right)$

4 ① $\dfrac{13}{21}$　**②** $\dfrac{13}{15}$　**③** $\dfrac{19}{24}$

④ $\dfrac{16}{45}$　⑤ $\dfrac{12}{7}\left(1\dfrac{5}{7}\right)$　⑥ $\dfrac{9}{16}$

てびき

1 ⑤ 　　5.43
　　＋7.37
　　12.80

⑥ 　　8.00
　　－0.61
　　　7.39

⑦ 　　　2.3
　　×　9.3
　　　　69
　　2 0 7
　　2 1.3 9

⑧ 　　　6.25
　　×　4.68
　　5 0 0 0
　　3 7 5 0
　　2 5 0 0
　2 9.2 5 0 0

⑨ 　　　　3.5
　7.6)2 6.6
　　　2 2 8
　　　　3 8 0
　　　　3 8 0
　　　　　　0

⑩ 　　　　1 0.4
　1.85)1 9.2 4
　　　　1 8 5
　　　　　7 4 0
　　　　　7 4 0
　　　　　　　0

2 ふくろの数は整数なので、商は一の位まで求めます。あまりの小数点は、わられる数のもとの小数点にそろえてうちます。

　　　　　　　4
3.8)1 6.1
　　1 5 2
　　　0.9

4 ① $\dfrac{1}{3}+\dfrac{2}{7}=\dfrac{7}{21}+\dfrac{6}{21}=\dfrac{13}{21}$

② $1\dfrac{1}{6}-\dfrac{3}{10}=1\dfrac{5}{30}-\dfrac{9}{30}=\dfrac{35}{30}-\dfrac{9}{30}=\dfrac{26}{30}$
$=\dfrac{13}{15}$

③ $\dfrac{2}{3}-\dfrac{3}{8}+\dfrac{1}{2}=\dfrac{16}{24}-\dfrac{9}{24}+\dfrac{12}{24}$
$=\dfrac{19}{24}$

④ $\dfrac{2}{5}\times\dfrac{8}{9}=\dfrac{2\times8}{5\times9}=\dfrac{16}{45}$

⑤ $\dfrac{9}{7}\div\dfrac{3}{4}=\dfrac{9}{7}\times\dfrac{4}{3}=\dfrac{\overset{3}{\cancel{9}}\times4}{7\times\cancel{3}}=\dfrac{12}{7}$

⑥ $\dfrac{15}{16}\div\dfrac{1}{2}\times\dfrac{3}{10}=\dfrac{15}{16}\times\dfrac{2}{1}\times\dfrac{3}{10}$
$=\dfrac{\overset{3}{\cancel{15}}\times\overset{1}{\cancel{2}}\times3}{\underset{8}{\cancel{16}}\times1\times\underset{2}{\cancel{10}}}=\dfrac{9}{16}$

105ページ　まとめのテスト❸

1 ① 3.65　② $\dfrac{7}{2}$　③ 2.5
　④ 18、18
2 ① 70　② 41　③ 34　④ 19
3 ⑤
4 式 70×x=245　x=245÷70=3.5
　　　　　　　　　　　　　答え 3.5m

てびき

1 ① $a+b=b+a$ を利用します。
② $a\times b=b\times a$ を利用します。
④ $(a+b)\times c=a\times c+b\times c$ を利用します。
2 ③ 14×3－64÷8=42－8=34

---

④ 17×3＋4－9×4=51＋4－36
　　=19
3 ⑤ （5－1）×4
　⑥ （5－2）×4＋4
4 （1mの重さ）×（針金の長さ）=（切り取った針金の重さ）

106ページ　まとめのテスト❹

1
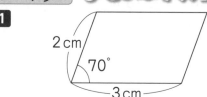
2cm　70°　3cm

2 ① ⑤ 120°
② ⑥ 72°　⑦ 108°
3 61.68cm
4 ①
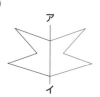
ア　イ

②

・O

5 式 4×2000=8000　8000cm=80m
　　　　　　　　　　　　　答え 80m

てびき

2 ② ⑥ 円の中心の周りの角を5等分した大きさだから、360÷5=72
⑦ 円の中心と正五角形の頂点を結んでできる三角形は、すべて合同な二等辺三角形になります。二等辺三角形の2つの角の大きさは等しいから、右の図で②の角度は、
（180－72）÷2=54
したがって、⑦の角度は、
54×2=108

3 図形の周りのうち、曲線部分は、直径12cmの円周の$\dfrac{1}{2}$の2個分、つまり、直径12cmの円周の長さと等しくなっています。
したがって、周りの長さは、
12×3.14＋12×2=61.68
5 $\dfrac{1}{2000}$の縮図だから、2000倍すると実際の長さになります。

28

107 ページ まとめのテスト❺

1 ❶ 面え

❷ 面あ、面う、面お、面か

❸ 辺AE、辺BF、辺CG

❹ 辺AB、辺AE、辺DC、辺DH

2 ❶ 面お　❷ 辺オエ

❸ 頂点ス、頂点ケ

3

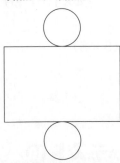

> **てびき**　**1** ❸ 辺DHと平行な辺は、長方形
> AEFB、長方形CGFBで考えます。
> **2** 組み立てると、下のような立方体になります。

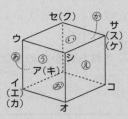

> **3** 展開図の長方形の横の長さは、
> 1×3.14＝3.14（cm）

108 ページ まとめのテスト❻

1 ❶ 20cm²　❷ 45cm²

❸ 12cm²　❹ 200.96cm²

2 ❶ 10cm²　❷ 28.26m²

3 式 288÷18＝16　　答え 16m

4 ❶ 175cm³　❷ 5086.8cm³

> **てびき**　**1** ❶ 三角形の面積＝底辺×高さ÷2
> 4×10÷2＝20
> ❷ 平行四辺形の面積＝底辺×高さ
> 9×5＝45
> ❸ ひし形の面積
> ＝一方の対角線×もう一方の対角線÷2
> 4×6÷2＝12
> ❹ 円の面積＝半径×半径×円周率（3.14）
> 8×8×3.14＝200.96
> **2** ❶ 底辺の長さが5cmで高さが6cmの三角
> 形の面積から、底辺の長さが5cmで高さが

2cmの三角形の面積をひきます。
5×6÷2－5×2÷2＝10

❷ 半径6mの円の $\frac{1}{2}$ の面積から、直径6mの

円の $\frac{1}{2}$ の2個分、つまり、直径6mの円の面

積をひきます。
6×6×3.14× $\frac{1}{2}$ －3×3×3.14
＝28.26

3 縦の長さ＝長方形の面積÷横の長さ
だから、縦の長さは、
288÷18＝16

4 ❶ 角柱の体積＝底面積×高さ
底面は台形だから、底面積は、
(6＋4)×5÷2＝25（cm²）
高さは7cmだから、体積は、
25×7＝175（cm³）

❷ 円柱の体積＝底面積×高さ
底面は半径が9cmの円だから、底面積は、
9×9×3.14＝254.34（cm²）
高さは20cmだから、体積は、
254.34×20＝5086.8（cm³）

109 ページ まとめのテスト❼

1 ❶ 50　❷ 7000　❸ 80000

❹ 4　❺ 90000　❻ 2000000

❼ 6000　❽ 300000

❾ 1.5　❿ 2000　⓫ 90

⓬ 4

2 ❶ cm　❷ m　❸ km

❹ g　❺ kg　❻ t

❼ m²　❽ L

> **てびき**　**1** ❸ 1m²＝10000cm²だから、
> 8×10000＝80000
> ❹ 1a＝100m²だから、
> 400÷100＝4
> ❽ 1m³＝1000000cm³だから、
> 0.3×1000000＝300000

まとめのテスト❽

1

時間　（分）	1	2	3	4	5	6
水のかさ（L）	40	80	120	160	200	240

2 ㋐　$y=4×x$

　　㋑　$y=48÷x$

3 比例しているもの　㋐、㋒

　　その式　$y=80×x$、$y=10×x$

　　反比例しているもの　㋓、㋔

　　その式　$y=30÷x$、$y=20÷x$

てびき

　　2 ㋐　yはxに比例します。

　　㋑　yはxに反比例します。

3 それぞれのxとyの関係を式に表します。

　　㋐ $y=80×x$　㋑ $y=1000-x$

　　㋒ $y=10×x$　㋓ $y=30÷x$

　　㋔ $y=20÷x$

まとめのテスト❾

1 式 $(84×3+76)÷4=82$　　　答え 82 点

2 山上市　約 852 人

　　山下市　約 843 人

3 ❶ 式 $42km=42000m$

　　　　$42000÷60=700$　　答え 分速 700m

　　❷ 式 $700×13=9100$　　答え 9100m

4 ❶ 20　　❷ 630　　❸ 2

5 ❶ 1:3　　❷ 5:4　　❸ 1:25

6 ❶ $x=8$　　❷ $x=9$

てびき

　　1 平均＝合計÷個数　です。

算数、国語、理科の 3 教科の合計点は、

　　　　$84×3=252$（点）

これに社会の 76 点をたすと、4 教科の合計点

になります。

2 人口密度は 1km² あたりの人口です。

山上市の人口密度は、

　　　　$78400÷92=852.1…$

山下市の人口密度は、

　　　　$82600÷98=842.8…$

一の位までの概数で求めるので、$\frac{1}{10}$ の位の

数字を四捨五入します。

3 ❶ $42km=42000m$

また、1 時間＝60 分なので、時速を分速にな

おすには 60 でわります。

　　❷ 道のり＝速さ×時間

4 ❶ 割合＝比かく量÷もとにする量

　　　　$8÷40=0.2$

　　❷ 比かく量＝もとにする量×割合

　　　　$700×0.9=630$

　　❸ もとにする量＝比かく量÷割合

　　　　$300÷0.15=2000$

　　　　$2000m=2km$

5 ❶ $14:42=(14÷14):(42÷14)$

　　$=1:3$

　　❷ $3:2.4=(3×10):(2.4×10)=30:24$

　　$=5:4$

　　❸ $\frac{1}{5}:5=(\frac{1}{5}×5):(5×5)$

　　$=1:25$

6 ❶ $x=64÷8=8$

　　❷ $x=81÷9=9$

まとめのテスト❿

1 ❶ 増えた。

　　❷ 460t

　　❸ 平成 10 年に収かくされたみかんの量は、

$3000×0.3=900$（t）

　　平成 30 年に収かくされたみかんの量は、

$2000×0.35=700$（t）

よって、収かくされたみかんの量は減っている。

2 ❶

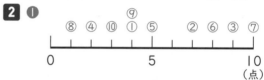

　　❷ 5.3 点、4 点、4.5 点

3 ❶

		犬		合計
		すき	きらい	
ねこ	すき	㋐ 13	㋑ 9	22
	きらい	7	3	10
	合計	20	12	32

　　❷ ㋐　犬もねこもすきな人の数

　　　㋑　犬がきらいでねこがすきな人の数

てびき

　　1 ❷ $2000×(0.58-0.35)=460$

2 ❷ テストの点数の合計は、

$1+2+3+4+4+5+7+8+9+10=53$（点）

平均値は、$53÷10=5.3$（点）

最ひん値は、4 点が 2 人いるので、4 点

中央値は、5 番目と 6 番目の点数の平均だから、

$(4+5)÷2=4.5$（点）

夏休みのテスト①

1 ① 50　② $\frac{1}{3}$

③ $\frac{7}{3}\left(2\frac{1}{3}\right)$　④ $\frac{15}{4}\left(3\frac{3}{4}\right)$

2 ① $\frac{1}{24}$　② $\frac{2}{3}$

③ $\frac{15}{2}\left(7\frac{1}{2}\right)$　④ $\frac{3}{4}$

3 ① $\frac{1}{9}$　② $\frac{7}{17}$

4 式 $\frac{9}{8}\times1\frac{1}{3}=\frac{3}{2}$　答え $\frac{3}{2}\left(1\frac{1}{2}\right)$cm²

5 ① $9\times x=y$　② $1.2-x=y$

③ $120\div x=y$

6

	① 線対称	② 対称の軸の数	③ 点対称
直角三角形	×	0	×
正三角形	○	3	×
平行四辺形	×	0	○
正方形	○	4	○
正五角形	○	5	×

夏休みのテスト②

1 ① $\frac{5}{3}\left(1\frac{2}{3}\right)$　② $\frac{4}{15}$

③ 1　④ 1

2 ① $\frac{3}{4}$　② $\frac{10}{3}\left(3\frac{1}{3}\right)$

③ $\frac{20}{9}\left(2\frac{2}{9}\right)$　④ 2

3 ① $\frac{13}{15}$　② $\frac{7}{12}$

4 式 $\frac{5}{3}\div\frac{10}{9}=\frac{3}{2}$　答え $\frac{3}{2}\left(1\frac{1}{2}\right)$m

5 ① $15\times x=y$

② 式 $15\times6=90$　答え 90cm²

③ 式 $15\times x=240$
　　$x=240\div15$　$x=16$　答え 16cm

6 ①　②

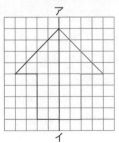
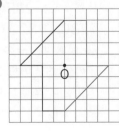

冬休みのテスト①

1 ① 150.72cm²　② 30.96cm²

③ 36.48cm²

2 ① $84\div x=y$　② 8cm

③ 11.2cm　④ 反比例している。

3 ① 30cm³　② 300cm³

4 ① 右の図

② 上から順に
1、2、3、6、3、
1、16

③ 46g

④ 右の図

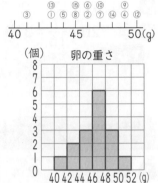

卵の重さ

1 ① $8\times8\times3.14-4\times4\times3.14$
$=150.72$(cm²)

② $12\times12-6\times6\times3.14\times\frac{1}{4}\times4=30.96$(cm²)

③ $8\times8\times3.14\times\frac{1}{4}-8\times8\times\frac{1}{2}=18.24$
$18.24\times2=36.48$(cm²)

3 ① $4\times3\div2\times5=30$(cm³)

② $(3+7)\times5\div2\times12=300$(cm³)

冬休みのテスト②

1 式 $(40+60)\times40\div2=2000$　答え 約2000m²

2 ① 比例している。　② $y=1.5\times x$

③

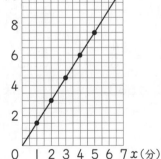

水を入れる
時間と水の量

④ 6分後

3 ① ⑤　② ②、3倍　③ ⑥、$\frac{1}{2}$

4 ① 27　② 60　③ 3　④ 2

5 78cm

学年末のテスト①

1 ❶ $\frac{21}{4}\left(5\frac{1}{4}\right)$　❷ $\frac{5}{12}$　❸ $\frac{6}{5}\left(1\frac{1}{5}\right)$

❹ $\frac{18}{5}\left(3\frac{3}{5}\right)$　❺ $\frac{1}{3}$　❻ $\frac{17}{9}\left(1\frac{8}{9}\right)$

2 ❶ 3：4　❷ 3：7
❸ 3：4　❹ 10：3

3 15.48 cm²

4 ❶ $y=135×x$ ○　❷ $y=200-x$ ×
❸ $y=80÷x$ △

5 10、12、13、20、21、23、30、31、32

6 式 $720×\frac{7}{16}=315$　答え 315 mL

> **てびき**
> **3** $6×12-6×6×3.14×\frac{1}{4}×2=15.48(cm^2)$

学年末のテスト②

1 ❶ $\frac{4}{9}$　❷ 4　❸ $\frac{27}{4}\left(6\frac{3}{4}\right)$

❹ $\frac{2}{9}$　❺ $\frac{8}{21}$　❻ $\frac{7}{2}\left(3\frac{1}{2}\right)$

2 847.8 cm³

3 ❶ 260 g　❷ 水…65 g、食塩…10 g

4 ❶ $y=5×x$ ○　❷ $y=100÷x$ △

5 ❶ 16 通り　❷ 24 通り　❸ 6 通り

> **てびき**
> **2** $(6×6×3.14-3×3×3.14)×10=847.8(cm^3)$
> **3** ❶ $40×\frac{13}{2}=260(g)$
> ❷ 食塩水全体の量…13＋2＝15
> 水…$75×\frac{13}{15}=65(g)$　食塩…$75×\frac{2}{15}=10(g)$

まるごと 文章題テスト①

1 式 $\frac{5}{8}×6=\frac{15}{4}$　答え $\frac{15}{4}\left(3\frac{3}{4}\right)$kg

2 式 $1\frac{1}{2}×1\frac{7}{9}÷2=\frac{4}{3}$　答え $\frac{4}{3}\left(1\frac{1}{3}\right)$cm²

3 式 $1680÷\frac{8}{3}=630$　答え 630 円

4 ❶ 式 $\frac{7}{9}÷\frac{2}{3}=\frac{7}{6}$　答え $\frac{7}{6}\left(1\frac{1}{6}\right)$倍

❷ 式 $\frac{8}{15}÷\frac{7}{9}=\frac{24}{35}$　答え $\frac{24}{35}$倍

5 式 $120×\frac{7}{3}=280$　答え 280 mL

6 式 28＋17＝45　$45×\frac{5}{9}=25$
28－25＝3　答え 3 個

7 式 90×26＝2340　2340－1980＝360
360÷（90－60）＝12　答え 12 個

8 ❶ 24 通り　❷ 4 通り

> **てびき**
> **7** なしだけを 26 個買ったとすると、
> 90×26＝2340（円）
> 実際の代金との差は、2340－1980＝360（円）
> また、なし 1 個をかき 1 個にかえるごとに、
> 90－60＝30（円）
> ずつ減ることから、かきの個数が求められます。
> **8** ❶ 1 番めがAのときは、ABCD、ABDC、
> ACBD、ACDB、ADBC、ADCB の 6 通りあり
> ます。B、C、D が 1 番めのときもそれぞれ 6
> 通りずつあります。
> ❷ ACDB、ADCB、BCDA、BDCA の 4 通りです。

まるごと 文章題テスト②

1 式 $\frac{12}{5}÷8=\frac{3}{10}$　答え $\frac{3}{10}$ L

2 式 $1\frac{1}{3}×1\frac{1}{3}×1\frac{1}{3}=\frac{64}{27}$　答え $\frac{64}{27}\left(2\frac{10}{27}\right)$cm³

3 式 $\frac{9}{8}÷\frac{15}{16}=\frac{6}{5}$　答え $\frac{6}{5}\left(1\frac{1}{5}\right)$倍

4 ❶ 式 $15÷\frac{5}{12}=36$　答え 36 人

❷ 式 $36×\left(1-\frac{2}{9}\right)=28$　答え 28 人

5 式 $350×\frac{5}{14}=125$　答え 125 mL

6 式 $35÷\left(1-\frac{3}{4}\right)=140$
$140÷\left(1-\frac{1}{3}\right)=210$　答え 210 ページ

7 式 $240×\left(1+\frac{1}{12}\right)=260$　答え 260 円

8 ❶ 6 通り　❷ 10 通り

> **てびき**
> **6** 昨日の時点での残りのページ数は、
> $35÷\left(1-\frac{3}{4}\right)=140$（ページ）
> ここから全部のページ数を求めます。
> **8** ❶ 10 の倍数は、一の位の数が 0 になる
> 数だから、2370、2730、3270、3720、
> 7230、7320 の 6 通りです。
> ❷ 偶数は、一の位の数が 0 か 2 になる数です。
> 一の位が 2 の場合は、3072、3702、7032、
> 7302 の 4 通りです。一の位が 0 の場合は、
> ❶より 6 通りだから、4＋6＝10（通り）

3 2 1 0 9 8 7 6 5 4
＊ ＊ ＊ D C B A